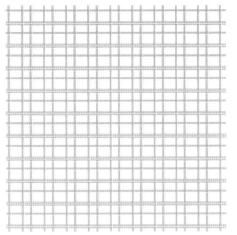

格子面料

色织布　　　　　　　　　珍珠呢

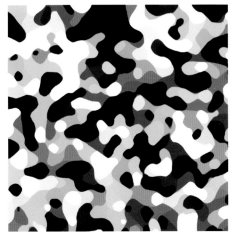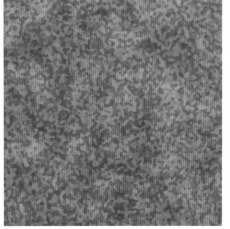

迷彩面料

1

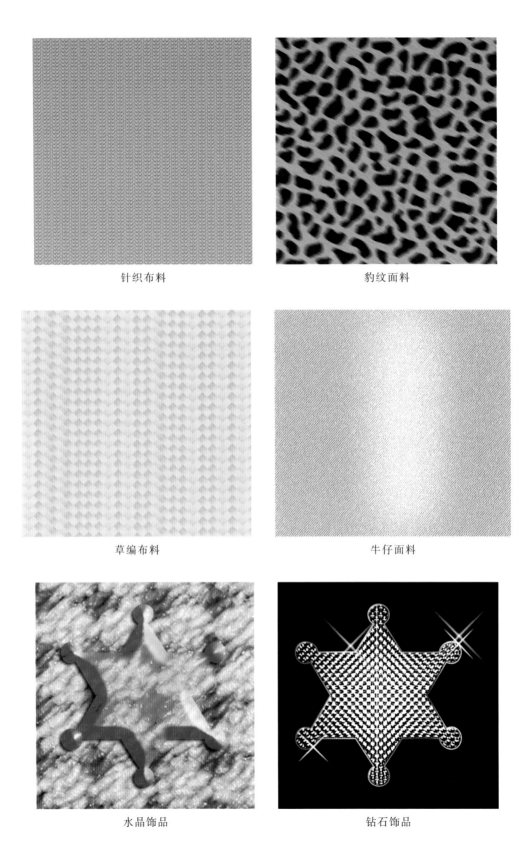

针织布料

豹纹面料

草编布料

牛仔面料

水晶饰品

钻石饰品

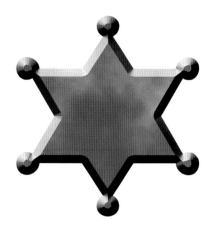

大理石饰品

金属制品

服装效果图实例二

服装效果图实例一 服装效果图实例三

衬衫款式图

连衣裙款式图

夹克衫款式图

西服款式图

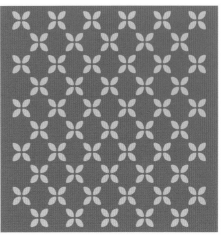

针织面料图案

四方连续图案

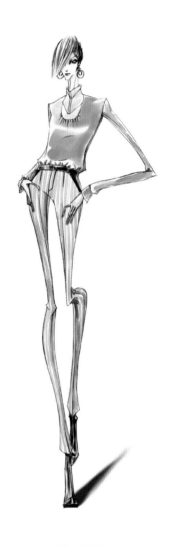

时装画案例一　　　　　　　　　　　时装画案例二

本杰明作品

德珍作品

时尚插画

普通高等教育"十二五"服装类专业基础课程系列规划教材

服装效果图计算机辅助设计方法与实践

FUZHUANGXIAOGUOTUJISUANJI
FUZHUSHEJIFANGFAYUSHIJIAN

主　编　巴　妍　庄立锋

副主编　叶淑芳　徐曼曼　励　姣（排名不分先后）

西安交通大学出版社
XI'AN JIAOTONG UNIVERSITY PRESS

内 容 提 要

　　本书主要针对服装设计及相关专业特点，就基础能力养成必备的服装效果图、服装平面款式图、服饰品、时装画分别以Photoshop、Illustrator、Painter三个软件完成设计方法及实操训练。其中，Photoshop软件部分主要介绍服装效果图的不同种类和肌理效果的面料设计及制作；Illustrator软件部分主要介绍服装平面款式图的设计及制作，包括面料图案及配色的设计实操；Painter软件部分主要介绍时装画和时尚插画的绘制。三个软件均以与专业结合紧密的实例进行全过程实操，所有设计手法及制作过程均极具专业特点，做到"教学有目标，操作有实例，拓展有方法"。

　　本书可作为本科或高职高专院校服装与服饰设计、艺术设计（服装设计、形象设计、服装表演）专业的教材，也可作为从事服装设计相关行业人员的参考图书。

前 言
Foreword

随着信息技术的不断进步,现代科技的日新月异,今天我们的学习和工作方式发生了巨大的变化,而在这种变化中,计算机技术的不断发展成为了至关重要的一个部分。

对于服装设计而言,绘制款式明确、色彩协调、面料质感突出的服装效果图是我们完成设计的第一步,是设计师与客户以及版型师等合作团队成员沟通的桥梁。随着计算机技术的完善及应用软件的不断更新进步,计算机技术已经渗透到设计的各个环节中,包括服装设计效果图绘制、服装款式平面图绘制、服装制版与推版等,还包括以服装、时尚为基础衍生的时装画、时尚插画……由此可见,计算机辅助设计已经成为设计中不可缺少的重要组成部分。

本教材主要针对服装效果图及时装画绘制应用最常用的 Photoshop、Illustrator、Painter 三种软件,应用完整案例讲解手绘线稿处理、上色、面料质感制作、服装款式图设计与制作等几个方面。在介绍应用软件的基本用法的基础上,针对服装效果图和时装画的绘制全过程进行分步骤讲解,过程分解细致入微,数据详尽,是初学者上手和熟练者提高的有效工具书。

在本教材编写的过程中,大连艺术学院巴妍,浙江农林大学庄立锋,辽宁轻工职业学院叶淑芳、徐曼曼,大连艺术学院励姣作为主要章节内容完成人,负责全书的编写工作;大连艺术学院孙净昕提供计算机软件技术支持,大连艺术学院王晓林、崔欣提供实例中手绘线稿。

本书未尽之处恳请广大读者斧正,我们将不断改进、不断提高。

编者
2014.3

目录
Contents

1

第一章　Photoshop 辅助设计方法与实践

学习目标

学习 Photoshop 完成效果图的辅助设计方法

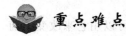
重点难点

不同工具及滤镜的应用

第一节　软件界面及辅助设计范围

一、Photoshop 软件概述

Photoshop 软件是世界领先的平面图形处理软件,其强大的图形处理功能被广泛地应用于图片的综合制作及后期效果,以及针对服装类相关专业的实际应用,包括服装效果图、服饰图案设计、服装结构制图等很多方面。本书应用的 Photoshop 软件为 Photoshop CS6(以下简称 PS),相对于之前的版本,其界面设置更加人性化,许多常用的功能可以在很多地方找到,对于图像的处理更加细致和完美,对以往存在的工具进行了深度开发,使其更加方便使用者应用。

二、Photoshop CS6 使用界面简介

(一)标题栏

打开程序,单击位于操作界面顶端的标题栏会弹出窗口:还原、最小化、关闭,通过这三个按钮可对窗口进行操作。如图 1-1(a) 所示。

(二)菜单栏

PS 菜单栏中的菜单命令,可完成大多数执行命令,关于各个菜单的具体功能及操作,将在后面的具体操作中详细介绍。如图 1-1(b)所示。

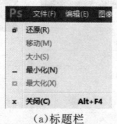

(a)标题栏

| Ps | 文件(F) | 编辑(E) | 图像(I) | 图层(L) | 文字(Y) | 选择(S) | 滤镜(T) | 视图(V) | 窗口(W) | 帮助(H) |

(b)菜单栏

图 1-1　标题栏和菜单栏

(三)工具箱

工具箱中几乎包含了所有 PS 软件的制图和绘图工具,凡是有三角标志的工具均为鼠标左键按住后有隐藏拓展的工具。如图 1-2 所示。

(1)选择工具组:包括规则选取工具、移动工具、套索工具、魔术棒工具、裁剪工具和吸管工具等,它们用于对图像区域的各种选择操作。

(2)绘画和编辑类工具:包括画笔工具、修复工具、图章工具、历史记录画笔工具、橡皮工具、渐变工具、模糊及加深减淡工具等。

(3)矢量图及文字工具组:包括路径选择工具、文本类工具、钢笔工具和形状工具等。

(4)看图工具:包括抓手工具和缩放工具,它们虽然不能直接对图像进行编辑和改动,但是却方便了使用者的操作。

(5)颜色工具:包括前景色和背景色,转换颜色工具和默认颜色工具,可以用它来改变当前的前景色和背景色。

(6)屏幕模式工具:通过它们可以控制屏幕显示模式在标准、菜单满屏和满屏模式之间切换,以便观看。

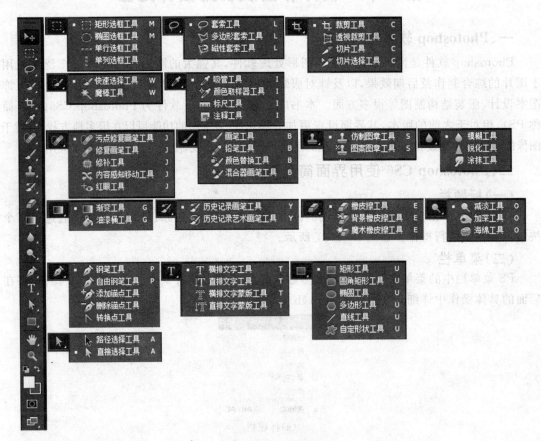

图 1-2 工具箱

(四)控制面板

标准界面右侧的浮动小窗是控制面板,从上到下分别为颜色信息、色彩样式、图层通道路径等,在图像的编辑过程中,控制面板一般与菜单和工具箱配合使用,可以完成许多功能设置。例如,选择颜色、导航窗口、管理图层、录制动作、显示信息,等等。所有相关控制面板均可在"菜单→窗口"中选出或隐藏。如图 1-3(a)所示。

(五)状态条

操作界面下方为状态条,状态条可切换文档大小、文档配置文件、文档尺寸、暂存盘大小、效率等文件相关信息。如图 1-3(b)所示。

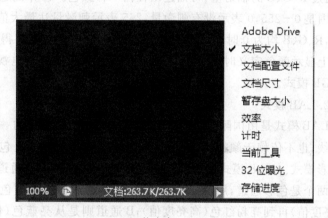

(a)控制面板　　　　　　　　　　(b)状态条

图 1-3　控制面板和状态条

三、文件操作

(一)基本文件格式

PS 软件中有很多应用于不同范围及用途的格式,有的用于存储,有的用于多软件之间的相互转化,有的用于多种设备之间的相互转化,等等。在此简单介绍与服装专业应用最紧密的几种典型格式。

1. BMP (BMP * RLE)

这种图像文件最早应用于微软公司推出的 Windows 系统,它是 MS-DOS 标准的点阵图形文件格式,它支持 RGB/Indexed-color 灰度和位图色彩模式,但不支持 Alpha 通道,该文件格式还可以支持 1-24bit 的格式,其中对于 4-8bit 的图像使用 RLE 的压缩方案不会损失数据。

2. TIFF

这种格式应用极其广泛,大多数扫描仪都输出这种格式,其存在的原因不是为了某一个商业机构所有,也不是专门为了某一个软件设计的,而是为了方便应用软件之间的图像数据交换。

3. PSD

它是 PS 特有的一种格式,包含图层、通道、路径和色彩模式,并且可以保存具有调节层和文本层的图像,因此,这种格式的文件调整修改起来非常方便。

4. JPEG

此格式的图像通常用于图像预览和一些超文本文档中。优点在于文件小,不占空间。缺点在于由于它的压缩率大,所以在压缩的过程中会以失真最小的方式丢掉一些肉眼不易察觉的数据,因而保存后的图像与原图有差别,没有原图的质量好。

(二)常用图像模式

1. RGB 模式

RGB 模式是一种发光屏幕的加色模式,是屏幕显示的最佳模式,RGB 就是常说的三原色,R 代表 red(红色),G 代表 green(绿色),B 代表 blue(蓝色)。RGB 模式是一种加色法模式,通过 R、G、B 的辐射量,可描述出任何一种颜色。计算机定义颜色时 R、G、B 三种成分的取值范围是 0—255,0 表示没有刺激量,255 表示刺激量达最大值。R、G、B 均为 255 时就合成了白光,R、G、B 均为 0 时就形成了黑色,当两色分别叠加时将得到不同的"C、M、Y"颜色。在显示屏上显示颜色定义时,往往采用这种模式。图像如用于电视、幻灯片、网络、多媒体,一般使用 RGB 模式。

2. LAB 模式

LAB 模式是由国际照明委员会(CIE)于 1976 年公布的一种色彩模式。LAB 模式既不依赖光线,也不依赖于颜料,它是 CIE 组织确定的一个理论上包括了人眼可以看见的所有色彩的色彩模式。LAB 模式由三个通道组成,但不是 R、G、B 通道。它的一个通道是明度,即 L。另外两个是色彩通道,用 A 和 B 来表示。A 通道包括的颜色是从深绿色(低亮度值)到灰色(中亮度值)再到亮粉红色(高亮度值);B 通道则是从亮蓝色(低亮度值)到灰色(中亮度值)再到黄色(高亮度值)。因此,这种色彩混合后将产生明亮的色彩。

3. CMYK 模式

CMYK 模式是减色模式,主要应用于印刷。当阳光照射到一个物体上时,这个物体将吸收一部分光线,并将剩下的光线进行反射,反射的光线就是我们所看见的物体颜色。这是一种减色色彩模式,同时也是与 RGB 模式的根本不同之处。不但我们看物体的颜色时用到了这种减色模式,而且在纸上印刷时应用的也是这种减色模式。按照这种减色模式,就衍变出了适合印刷的 CMYK 色彩模式。CMYK 代表印刷上用的四种颜色,C 代表青色(cyan),M 代表洋红色(magenta),Y 代表黄色(yellow),K 代表黑色(black)。在实际应用中,青色、洋红色和黄色很难叠加形成真正的黑色,最多不过是褐色而已,因此才引入了黑色。黑色的作用是强化暗调,加深暗部色彩。

第二节　典型工具使用实例(头发及五官制作)

PS 软件的众多工具中,不同工具的应用范围和方法不尽相同,在本节中,我们以制作时装画中应用的人物头像为例来解析工具的具体使用方法。

一、头发的制作

人体头发的制作主要需要注意的问题是配合头部的形状区分光影效果以及发丝或发簇效果的制作,前者较为细腻的表现手法主要应用于写实服装效果图,后者比较粗犷的表现手法主要应用于写意风格的服装效果图。除此之外,在时尚插画中或者以平涂为主要上色方式的服装效果图中头发块面划分比较明显。针对以上三种目的需要介绍三种不同的头发制作方法。

(一)方法一

1.新建文件

新建白色背景文件,尺寸为 20cm×20cm,分辨率为 200 像素/英寸。并新建图层 1,方便作图,如图 1-4 所示。

图 1-4　新建文件

2.绘制头发大体形状

应用画笔工具,选择"硬边圆形"画笔形状(默认画笔的第四个),调整画笔大小,在图层 1 中,绘制基本头发位置和形状,在绘制过程中注意色彩的搭配和明暗的变化,如图 1-5 所示。

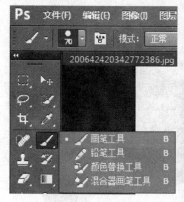

图 1-5　绘制头发基本形状

3.细化发簇,整理成型

配合使用涂抹工具、加深工具和减淡工具,整理出细致的发簇与发丝;其中应用涂抹工具进行整理,应用加深和减淡工具对头发的光影进行进一步处理,如图 1-6 所示。

图1-6 整理成型

(二)方法二

1.新建文件

新建白色背景文件,尺寸为 20cm×20cm,分辨率为 200 像素/英寸。并新建图层 1,方便作图,如图 1-7 所示。

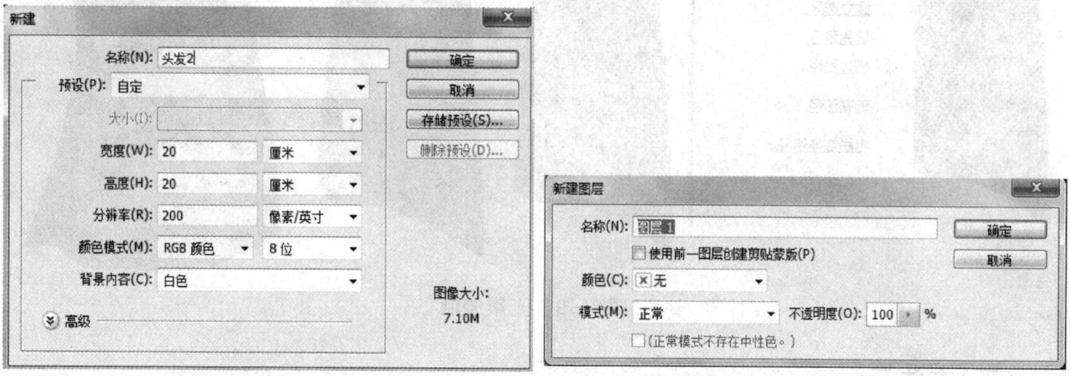

图 1-7 新建文件

2.确定头发基本形及细致刻画

应用钢笔工具勾出发型轮廓,闭合路径后单击鼠标右键选择"填充子路径",将基本头发颜色填充,如图 1-8 所示。再应用钢笔工具勾出头发的光影位置,平涂填色;或者应用加深、减淡工具制作出光影效果,视具体需要的效果而定。需要注意的是,在填充颜色的过程中,需要考虑到高光及暗面的具体颜色以及色差,另外,在应用钢笔工具勾选路径形成选区的时候,需要注意选区与选区之间的衔接,边缘弧线要尽量保持一致,避免出现边线裂缝或者冲突。如图 1-9所示。

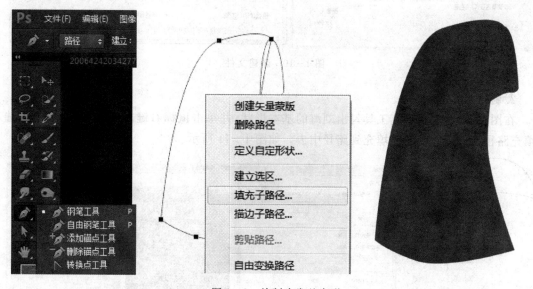

图 1-8 绘制头发基本形

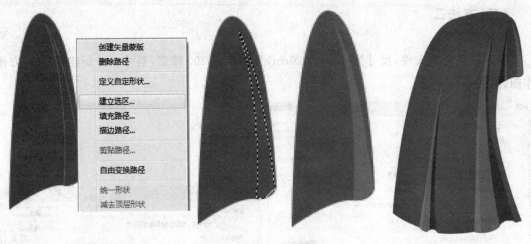

图 1-9　光影绘制

(三) 方法三

1. 新建文件

新建白色背景文件,尺寸为 20cm×20cm,分辨率为 200 像素/英寸。并新建图层 1,方便作图,如图 1-10 所示。

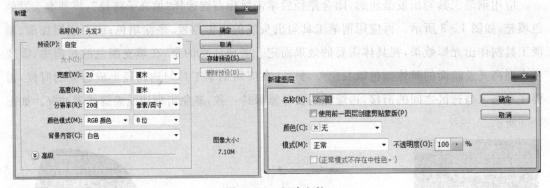

图 1-10　新建文件

2. 制作刘海基本形

在图层 1 中,应用钢笔工具勾出刘海的基本形状,并单击鼠标右键,在弹出的菜单中点选"填充路径",将选好的颜色填充到路径中去。如图 1-11 所示。

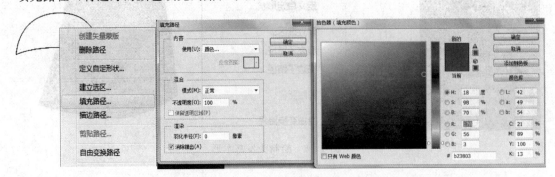

图 1-11　制作刘海基本形

3. 细化发丝效果

首先应用加深、减淡工具将大体光影效果处理好,如图 1-12 所示;然后,再次应用加深、减淡工具,注意本次应用中笔刷形状为"粗边圆形钢笔",制作出发丝的效果;最后应用涂抹工具配合"粗边圆形钢笔"笔刷形状,将刘海下缘处理为发丝状即可。需要注意的是,通常默认状态下,加深、减淡工具在应用"粗边圆形钢笔"这个笔刷形状的时候是伴有"双重画笔"的,因此需要在"画笔面板"中,将"双重画笔"选项取消掉。具体操作如图 1-13 所示。

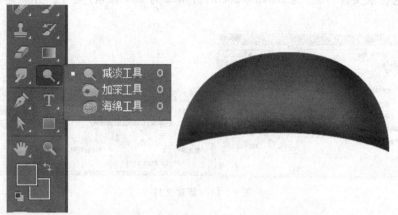

图 1-12 加深减淡处理大体光影效果

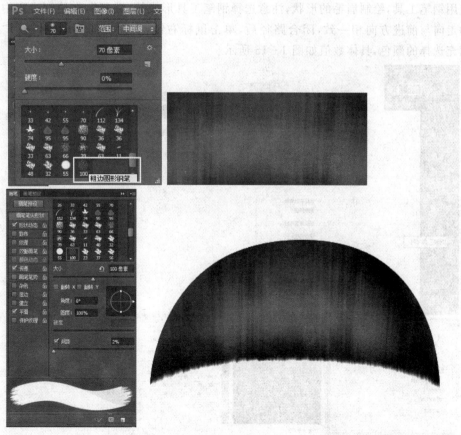

图 1-13 细化效果

二、眼睛的制作

人眼主要由眉毛、眼眶、眼球、睫毛几个部分构成,本实例主要以写实手法的眼睛制作为例,讲解同心圆的制作方法及钢笔工具的勾边如何应用。

(一)眉毛制作

1.新建文件

新建白色背景文件,尺寸为 20cm×20cm,分辨率为 200 像素/英寸。并新建图层 1,如图 1-14 所示。

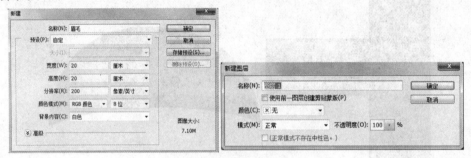

图 1-14　新建文件

2.绘制眉毛形状

应用钢笔工具,绘制眉毛的形状,注意选择钢笔工具形成的"路径",在绘制过程中注意动势线的走向与前进方向相一致,闭合路径后,单击鼠标右键,在弹出的菜单中,选择"建立选区",填充选择的颜色,具体数值如图 1-15 所示。

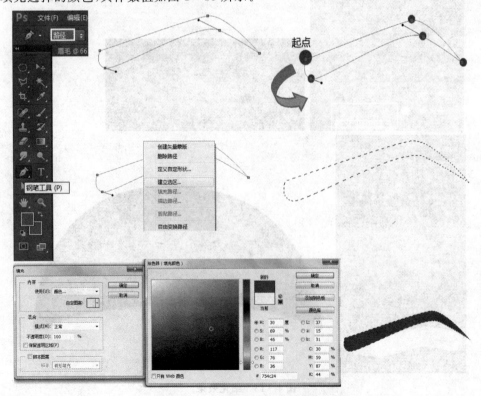

图 1-15　绘制眉毛形状并填色

3.制作眉毛肌理

在选区保留的前提下,应用"滤镜→杂色→添加杂色",注意勾选"单色"选项;然后去掉选区后,应用"滤镜→模糊→动态模糊",选择"方向"为绝大多数眉毛的生长方向即可,最后应用橡皮擦工具将眉尾部分进行简单处理,使其符合眉毛生长规律。如图1-16所示。

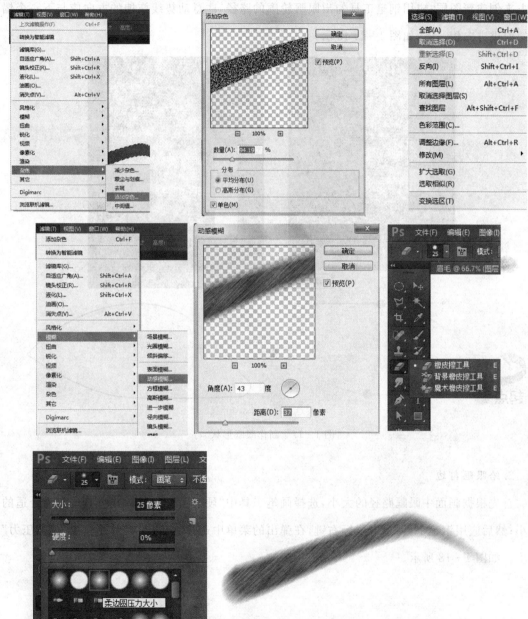

图1-16 眉毛肌理制作

(二)眼眶制作

1.制作眼眶形状

在刚才的文件中,新建图层 2 来制作眼睛的眼眶,应用鼠标左键单击图层控制面板右下角标志来创建新图层;应用钢笔工具勾出眼眶轮廓的路径,注意动势线拖拽的方向应与下一个锚点的前进方向相一致,如图 1-17 所示。

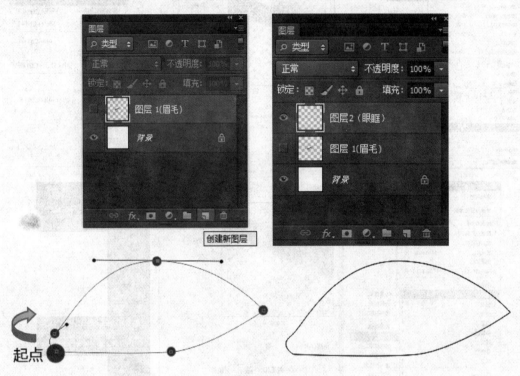

图 1-17   制作眼眶形状

2.给眼眶勾边

首先根据画面中眼眶路径的大小,选择画笔工具中"硬边圆"形画笔,并将其调整为合适的大小;然后应用钢笔工具,单击鼠标右键,在弹出的菜单中选择"描边路径",并勾选"模拟压力"选项。如图 1-18 所示。

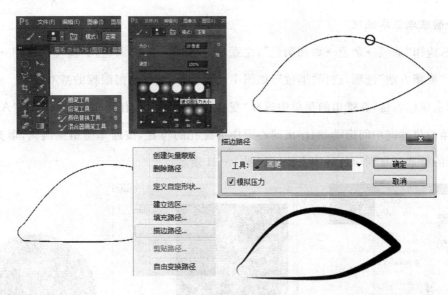

图 1-18 眼眶描边

(三)眼球制作

1.绘制眼球形状

在上述文件中新建图层 3,然后应用"椭圆选框工具",按住"Shift"键,拖出正圆,并填充眼球颜色。如图 1-19 所示。

图 1-19 绘制眼球形状并填色

2.绘制眼球基本肌理

首先,应用"滤镜→杂色→添加杂色",注意勾选"单色"选项,并应用"滤镜→模糊→径向模糊",注意"模糊方法"选项,选择"缩放",如图1-20所示,制作出黑眼球的基本效果。然后,在画面上单击鼠标右键,在弹出的菜单中选择"变换选区",同时按住键盘上"Shift"和"Alt"两个键,从顶角的位置向中间拖动,制作出同心圆作为瞳孔的位置,按回车键结束编辑,填充颜色,需要注意的是选区直到填色后才去掉。如图1-21所示。

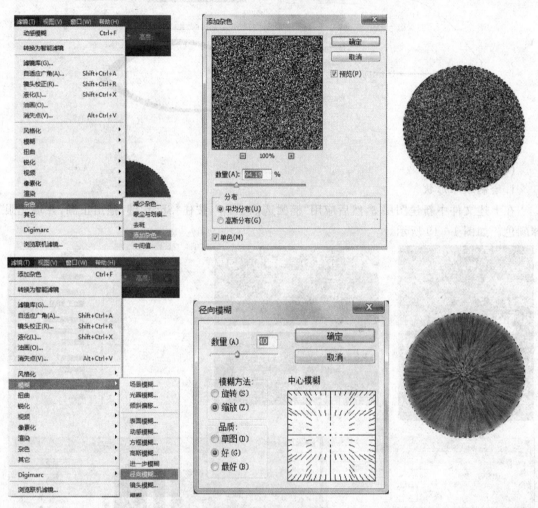

图1-20 黑眼球基本效果

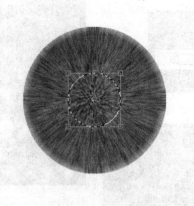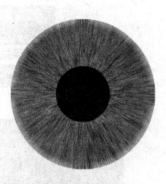

图 1-21　眼球肌理完成

3. 制作眼球光影效果

　　首先将制作完成的眼球应用移动工具，摆放至眼眶内，调整其位置和大小后，将超出眼眶的部分用橡皮擦工具擦掉；然后，应用加深和减淡工具，根据眼眶内眼球的立体形态，进行光影处理，特别注意上眼睑遮盖后，在眼球上半部分会留有阴影，以及突出眼球的球体状态；最后，用画笔工具点高光位置。如图 1-22 所示。

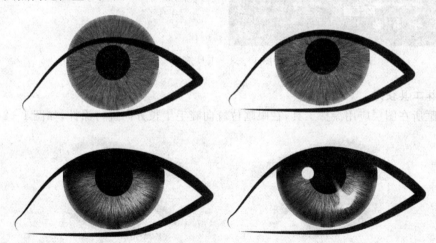

图 1-22　眼睛完整光影效果

(四)睫毛制作

1. 工具的选择

　　在 PS 软件中，制作睫毛比较有优势的工具为涂抹工具和画笔工具。我们来了解这两种工具的基本选择。对于涂抹工具应用的笔刷形状为基本画笔中的"硬边圆形"画笔就可以，因为应用涂抹工具是对既有图像形状的改变；而对画笔工具的应用，是对图像的添加，应用和选择的笔刷形状推荐为"沙丘草"。如图 1-23 所示。

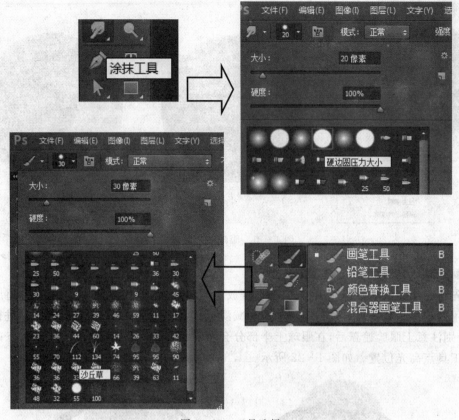

图1-23　工具选择

2.涂抹工具使用

在眼眶所在图层应用涂抹工具,在眼眶位置向睫毛生长方向进行涂抹,如图1-24所示。

图1-24　涂抹工具使用

3.画笔工具使用

应用画笔工具,并选择画笔笔刷形状为"沙丘草",在绘制过程中需要在"画笔控制面板"中,选择"画笔笔尖形状"标签,根据画面中适合眼眶曲线要求而不断调整画笔的角度和圆度,并新建一个图层来添加睫毛,在添加过程中,内眼角与外眼角睫毛方向相反,需勾选"翻转Y"使其延Y轴翻转至相反方向。需要注意的是,睫毛如果不需要有色彩变化,则需取消默认状态下勾选的除"平滑"外的其他选项。如图1-25所示。

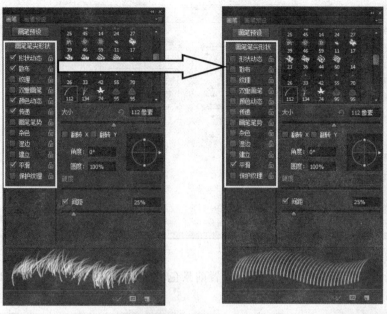

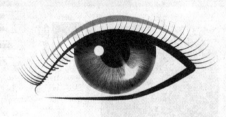

图 1-25 画笔工具使用

三、鼻子和嘴的制作

鼻子和嘴基本上是在肤色的基础上应用加深和减淡工具直接绘制，除了需要对鼻子和嘴的结构比较了解之外，基本没有特殊技巧，因此，在这一部分只提供参考图例，如图 1-26 所示。

第三节 面料设计及制作

在服装效果图绘制的过程中，面料作为服装设计三要素之一是必不可少的，我们将以典型的服装面料质感为主线，介绍设计和制作过程中涉及的 PS 软件中的滤镜及绘图工具。

一、格子面料的设计与制作

格子面料的设计主要体现在单位形的不同形式，进而产生丰富的格子纹样，在此以两种不同的设计方法为例。

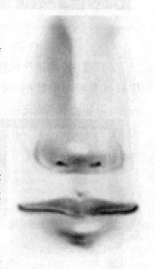

图 1-26 鼻子和嘴

（一）方法一

（1）新建文件。新建白色背景文件，尺寸为 20cm×20cm，分辨率为 200 像素/英寸。如图 1-27 所示。

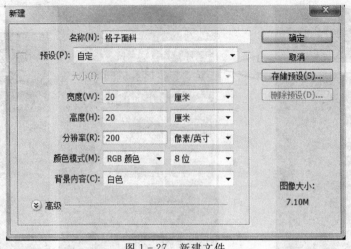

图 1-27 新建文件

（2）选择一种颜色作为前景色填充到背景。分别设置前景色、背景色如图 1-28 和图1-29所示。

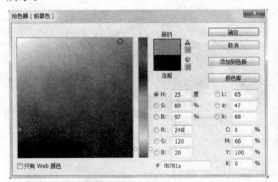

图 1-28 前景色　　　　　　　　　　　　　　　图 1-29 背景色

（3）应用"滤镜→风格化→拼贴"。将图像直接处理成为格子基本形状，其中拼贴数和最大位移可参考图中数据，具体设置因图像大小不同而异，由于我们填充色彩为前景色，因此在这一步，需要点选"填充空白区域用"的是"背景色"。如图 1-30 所示。

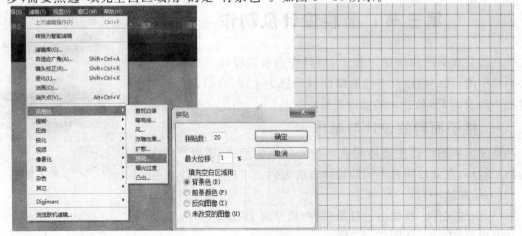

图 1-30 拼贴

(4)应用"滤镜→像素化→碎片"。将单格变化为双格。如图1-31所示。

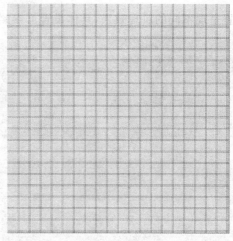

图1-31 碎片

(5)应用"滤镜→其它→最大值(最小值)"。应用"最大值"或者"最小值"来对格子最终形态进行变化,根据图像大小设置不同,这一步骤在对于"最大值"或者"最小值"的界定上,没有统一的标准,可根据格子呈现出的具体形态而定。如图1-32和图1-33所示。

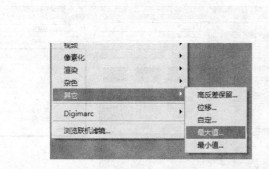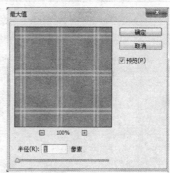

图1-32 最大值效果一

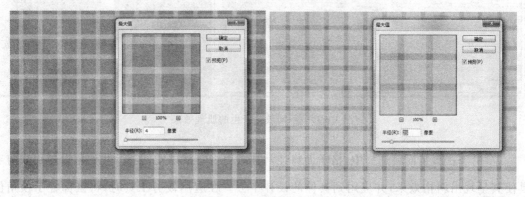

图1-33 最大值效果二

（6）材质纹理变化。以效果二为例，应用"滤镜→滤镜库→纹理→纹理化"。可根据不同的纹理设置呈现不同的肌理效果，具体设置可参照示例图，如图 1-34 所示。

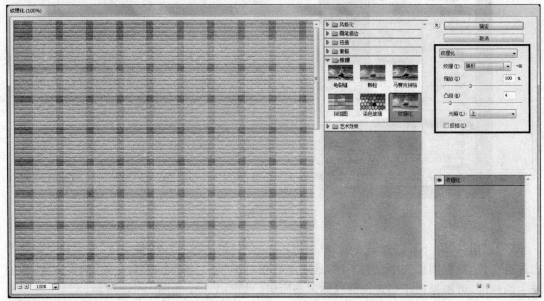

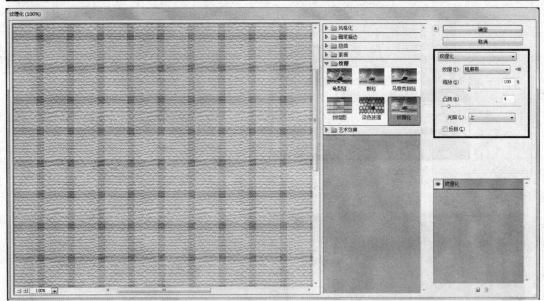

图 1-34　不同纹理产生的肌理效果

（7）由于在服装面料选择中，格子面料经常被应用为斜格拼接，因此，我们可以应用裁剪工具使其呈现出斜格效果，并应用到具体的设计中去。在应用裁剪工具时，将鼠标置于顶角位置，出现旋转箭头后，将其旋转约 45°，按回车键结束编辑。如图 1-35 所示。

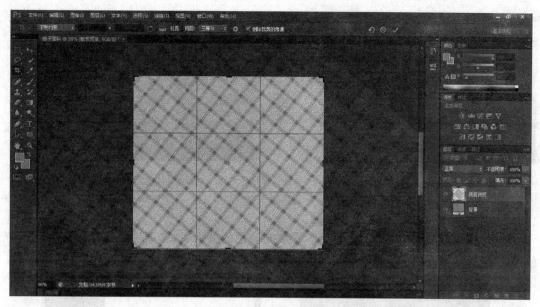

图 1-35　裁切为斜格

(二)方法二

(1)新建文件。新建白色背景文件,尺寸为 2cm×2cm,分辨率为 200 像素/英寸。如图 1-36所示。

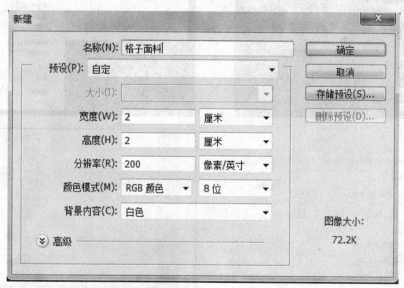

图 1-36　新建文件

(2)选择前景色、背景色,如图 1-37 和图 1-38所示。在这里需要注意的是,前景色和背景色的选择其实没有统一的规定和标准,可以根据设计的格子效果进行选择,也可以根据参考配色方案进行选择。

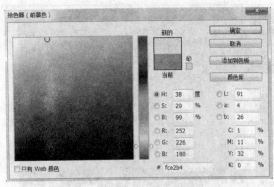

图 1-37 前景色

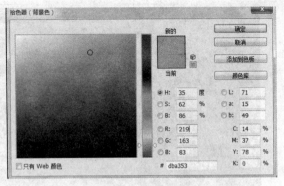

图 1-38 背景色

(3)应用矩形选框工具绘制单位形。在填充颜色的过程中,需要注意的是,可以调整填充色彩的透明度,以便在单位形设计中出现丰富的层次(特别是重叠的位置),如图 1-39 所示。

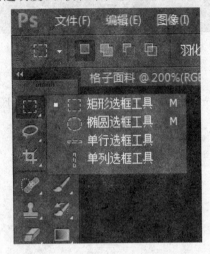

图 1-39 设计绘制单位形

(4)定义设计的单位形为图案。将设计好的单位形定义为图案。具体操作为点选菜单栏中的"选择→全部",然后点选"编辑→定义图案",如图 1-40 所示。

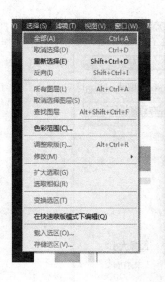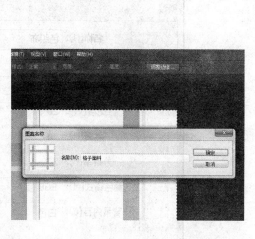

图 1-40 定义图案

　　(5)完成格子面料。新建另外一个文件,尺寸为 20cm×20cm,分辨率为 200 像素/英寸;应用"选择→全部"将整个画面全选(快捷键为 Ctrl+A),应用"编辑→填充"(选择应用图案填充,选择自己定义的图案"格子面料"),完成整个格子面料的制作。如图 1-41 所示。

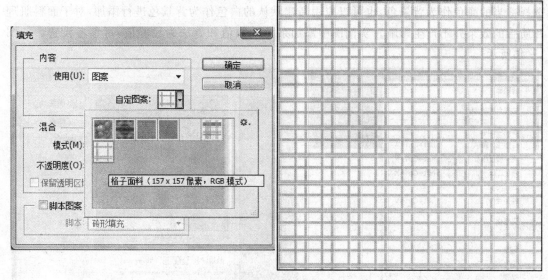

图 1-41 填充图案

二、色织布的设计与制作

　　色织布是用染色的纱线织成的织物。给纱染色一般分为色纺纱和染色纱两种方式。通常说的色织布是指梭织机织的布,但针织机也同样可以织出色织针织布,其特点是色牢度好。我们以棉涤混纺色织布为例。

　　(1)新建文件。新建白色背景文件,尺寸为 20cm×20cm,分辨率为 200 像素/英寸。如图 1-42 所示。

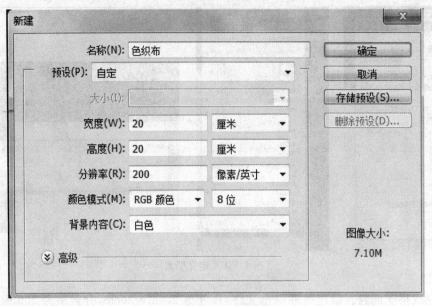

图 1-42　新建文件

（2）应用"滤镜→杂色→添加杂色"。给画面一个填满的基本肌理效果，在这个环节前可以选择适当的颜色作为背景色，也可以应用新建默认的白色作为背景色进行添加，对于面料肌理和质感的效果并不产生影响。实例图中添加杂色的数值和方法为经验值，可参考设置。如图1-43所示。

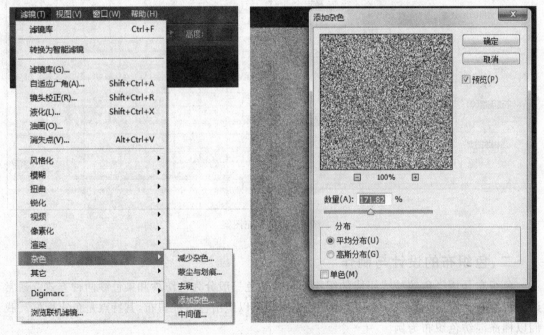

图 1-43　添加杂色

（3）应用"滤镜→其它→位移"。将图像转化为条状，在设置数值时，以条状全部遮盖画面为准，特别需要注意的是，"未定义区域"需要设置为"重复边缘像素"。如图 1-44 所示。

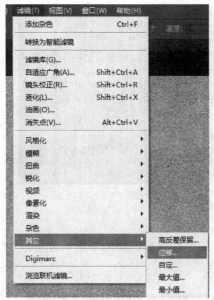

图 1-44　图像形成条状

（4）复制背景图层。在图层控制面板上，选择背景图层，单击鼠标右键，在弹出的对话框中点选"复制图层"，如图 1-45 所示。

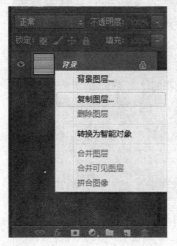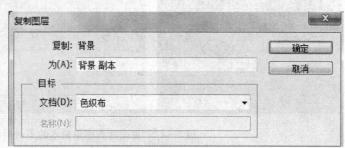

图 1-45　复制背景图层

（5）旋转背景副本。在菜单栏中应用"编辑→变换→旋转 90 度（顺时针）"，将背景副本图层旋转 90°，图像效果为垂直。如图 1-46 所示。

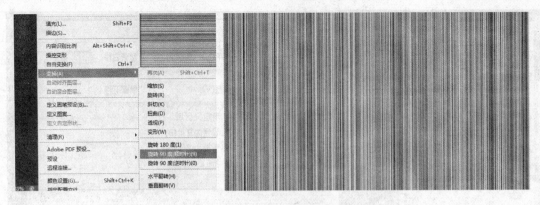

图 1-46　旋转背景副本图层

（6）更改背景副本图层不透明度。在背景控制面板中将背景副本图层的不透明度更改为50％，制作出面料经纱和纬纱交错的效果，如图1-47所示。

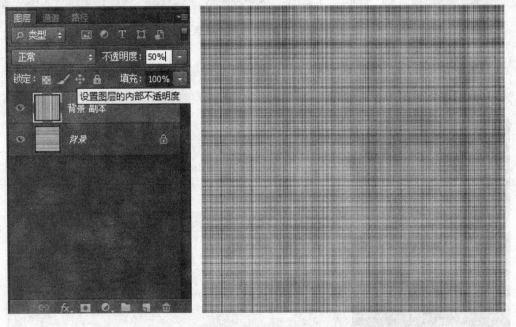

图 1-47　更改背景图层副本的不透明度

（7）调整图像最终效果。将背景副本图层与背景图层合并，在图层菜单中点选"合并可见图层"，然后应用"图像→调整→去色"，将图像颜色调整为黑白灰的无彩色，最后应用"图像→调整→色相/饱和度"，将弹出对话框中的右下角"着色"选项勾选上，移动色相浮条选择适合的颜色，完成色织布效果编辑。如图1-48所示。需要注意的是色织布一般情况下饱和度不高，因此在设置上不要将饱和度数值设置超过30。

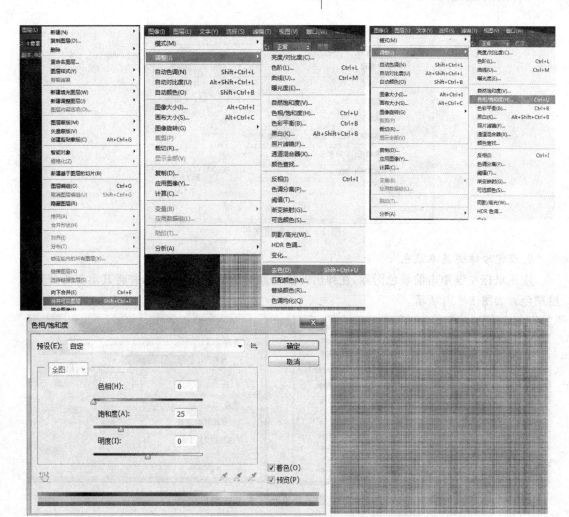

图1-48　调整色彩效果

三、珍珠呢的设计与制作

珍珠呢属于粗纺毛织物面料,其风格是表面有绒毛,但光滑明亮,质地厚实,具有较好的保暖性。因其外观光滑明亮、色泽类似珍珠而得名。

1.新建文件

新建白色背景文件,尺寸为20cm×20cm,分辨率为200像素/英寸。如图1-49所示。

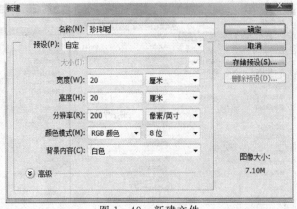

图 1-49　新建文件

2. 设定珍珠呢基本底色

应用鼠标左键单击前景色图标，在弹出的拾色器对话框中选定颜色，并将其填充为背景图层颜色。如图 1-50 所示。

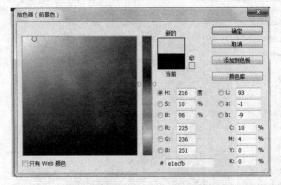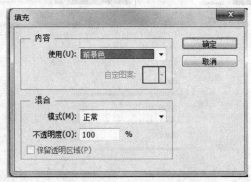

图 1-50　选定并填充背景图层颜色

3. 确定基本肌理

应用"滤镜→杂色→添加杂色"，注意勾选"单色"选项。如图 1-51 所示。

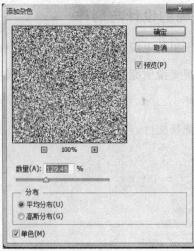

图 1-51　添加基本肌理

4. 进一步制作珍珠呢肌理

应用"滤镜→模糊→动感模糊",设置其角度为 45°,再次重复"动感模糊"滤镜,并将其角度设置为－45°,如图 1－52 所示。

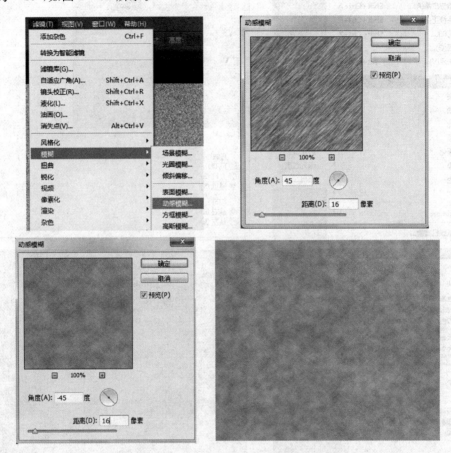

图 1－52　珍珠呢肌理

5. 最终效果确定

应用"滤镜→风格化→风",在其"方法"设置处点选"飓风",多次重复上述操作,使其达到珍珠呢面料肌理效果,然后将图像旋转为面料的毛向下。如图 1－53 所示。

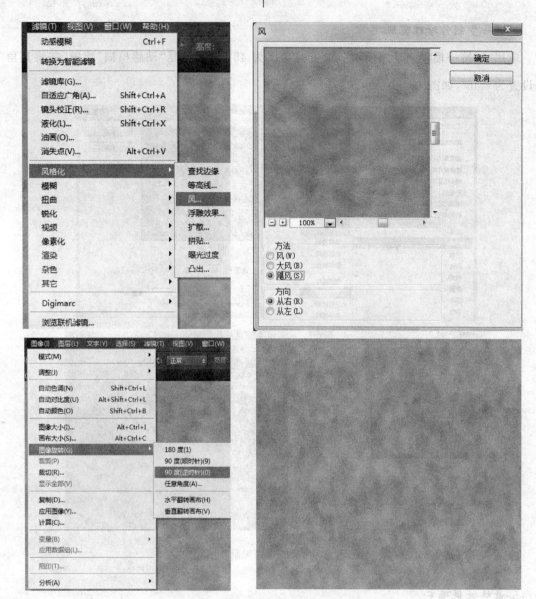

图1-53 最终效果

四、迷彩面料的设计与制作

迷彩面料由于其无规律随机的图形变化,被广泛应用于服装设计及其他领域。根据不同的迷彩单位形,我们制作两种不同风格的迷彩面料。

(一)方法一

1.新建文件

新建白色背景文件,尺寸为20cm×20cm,分辨率为200像素/英寸。如图1-54所示。

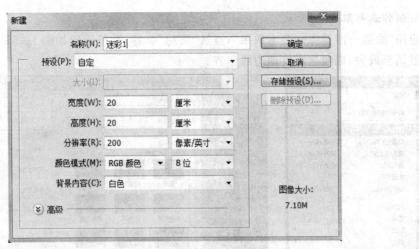

图 1-54　新建文件

2.制作基本面料肌理

分别设置前景色及背景色,参考数值如图 1-55 和图 1-56 所示。应用"滤镜→渲染→云彩"给底色一个基于我们选择的颜色的随机肌理,如图 1-57 所示。

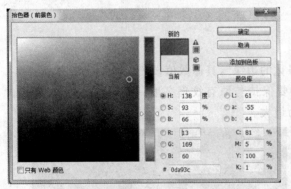

图 1-55　前景色

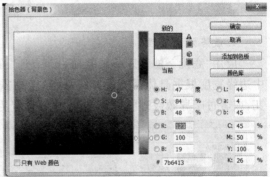

图 1-56　背景色

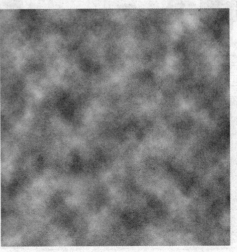

图 1-57　制作基本面料肌理

3. 制作迷彩肌理

应用"滤镜→滤镜库→艺术效果",点选"海绵"标签,数值设置如图 1-58 所示。注意平滑度一般调至最大,以便迷彩纹理边缘整齐。

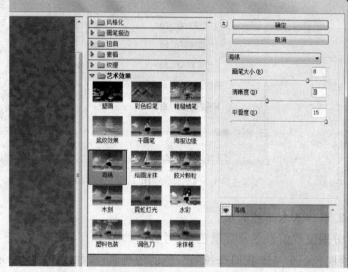

图 1-58 迷彩肌理

4. 最终效果整理

应用"滤镜→滤镜库→画笔描边",点选"强化的边缘",具体数值设置如图 1-59 所示。其中边缘宽度根据具体需要设置;边缘亮度则需要保持与原有纹理亮度一致,避免过亮显得突兀,或者过暗导致纹理收缩;平滑度一般设置为最大。

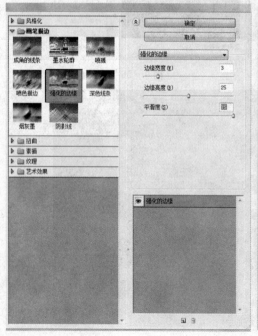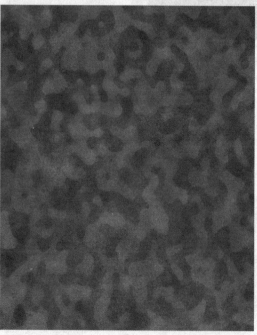

图 1-59 迷彩最终效果

(二)方法二

1.新建文件

新建白色背景文件,尺寸为 20cm×20cm,分辨率为 200 像素/英寸。如图 1-60 所示。

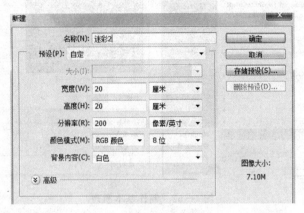

图 1-60 新建文件

2.设置背景色并填充底色

设置背景色数值如图 1-61 所示,应用"编辑→填充",选择填充内容为"背景色"。

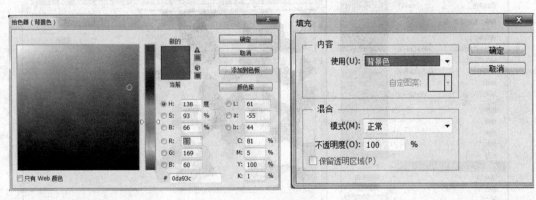

图 1-61 填充底色

3.制作基本肌理

应用"滤镜→杂色→添加杂色",勾选"单色",在底色的基础上,做出随机分布的肌理。具体设置如图 1-62 所示。

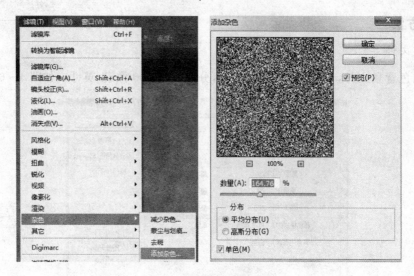

图 1-62　制作基本肌理

4.进一步制作肌理

应用"滤镜→像素化→晶格化",数值设置可参考图1-63,也可根据需要设置。

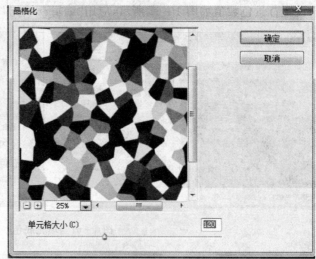

图 1-63　肌理制作

5.完成迷彩制作

应用"滤镜→杂色→中间值",通过中间值的设置将尖锐的尖角处理成圆润的效果,如图1-64所示。

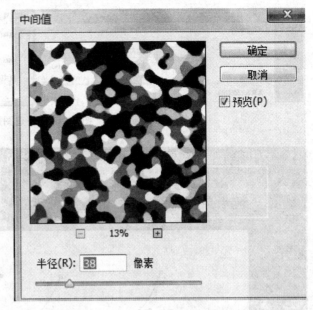

图 1-64　最终效果

五、针织面料的设计与制作

针织面料应用范围极广,一般针织面料均由基本针法构成,因此在制作针织面料的时候,我们需要先制作出一针的效果,在此基础上构成针织纹理效果,在制作过程中要注意图层的顺序和合并。

1. 新建文件

新建白色背景文件,尺寸为 20cm×20cm,分辨率为 200 像素/英寸。如图 1-65 所示。

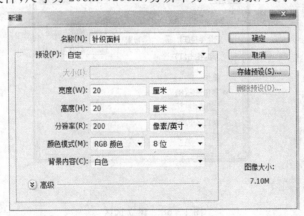

图 1-65　新建文件

2. 制作一针单位形

首先,新建图层 1,在菜单栏点击"菜单→新建→图层",如图 1-66 所示;然后应用钢笔工具,勾出一针的形状,需要注意的是在钢笔工具应用过程中,钢笔形成的是"路径",动势线的走势要与下一个锚点的方向相一致,如图 1-67 所示;注意闭合路径后,单击鼠标右键,在弹出的菜单中选择"建立选区",设置如图 1-68 所示。

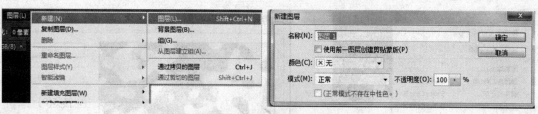

图 1-66　新建图层 1

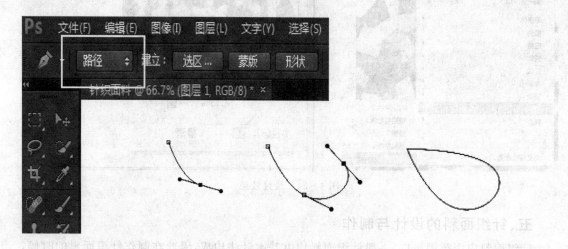

图 1-67　绘制一针路径

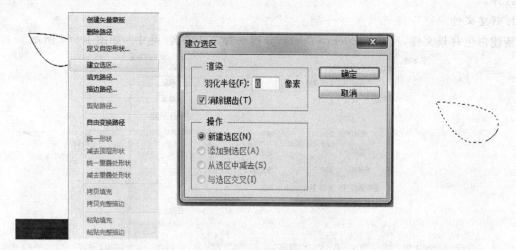

图 1-68　建立选区

3.制作完整一针效果

　　设定前景色并填充到选区中,分别应用加深、减淡工具对其进行处理,使其呈现出立体效果,符合纱线真实效果。如图 1-69 所示。

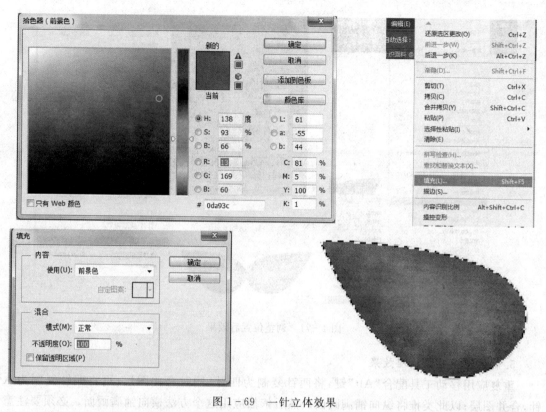

图 1-69 一针立体效果

4. 制作两针排列效果

应用移动工具,按住键盘"Alt"键同时拖动,通过这种方式来拷贝和粘贴将会自动生成新图层,将一针变成两针,如图 1-70 所示;应用"编辑→变换→水平翻转",调整两针的位置,并将图层 1 和图层 1 副本进行合并,使其达到如图 1-71 所示效果。

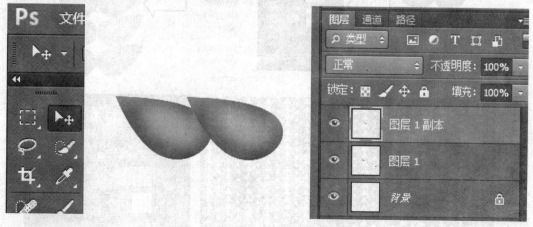

图 1-70 一针变两针

图 1-71　调整位置后效果

5. 制作满幅针织纹理效果

重复应用移动工具配合"Alt"键,将两针复制为四针,同时合并图层;再将四针复制为八针,合并图层;以此类推将纵向铺满画面。然后依然应用这个方法横向铺满画面。必须要注意每次生成新图层后要与之前除背景图层外的图像图层进行合并,如当前选择的是图层1副本,则直接可以单击鼠标右键,选择"向下合并"即可。如图 1-72 所示。

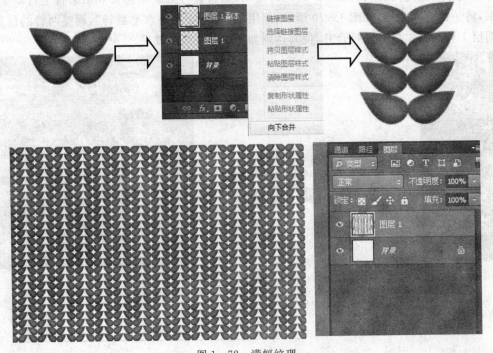

图 1-72　满幅纹理

6.处理最终效果

在制作好满幅纹理的基础上,我们将其处理成为具有毛针织效果的面料。首先将背景图层填色,颜色与之前制作一针效果应用的颜色一致,如图 1-73 所示;然后将图层 1 与背景图层合并,应用"滤镜→杂色→添加杂色",如图 1-74 所示;应用"滤镜→模糊→动感模糊",完成最终效果处理,如图 1-75 所示。

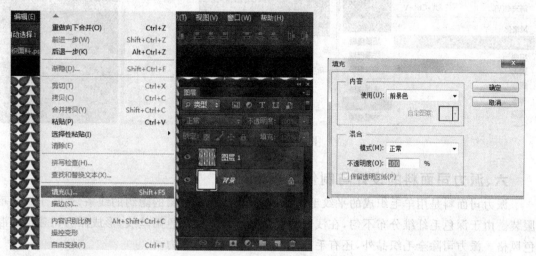

图 1-73 填充背景图层

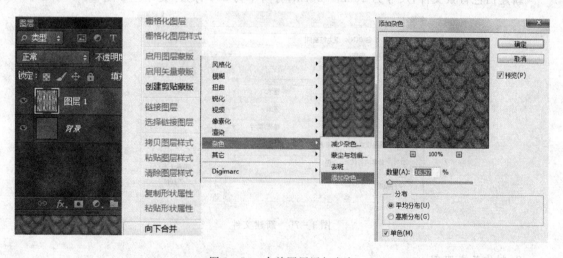

图 1-74 合并图层添加杂色

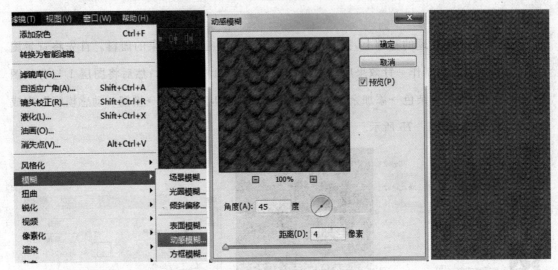

图 1-75　最终效果

六、派力司面料的设计与制作

派力司面料是用羊毛织成的平纹毛织品,表面现出纵横交错的隐约的线条,适宜于做夏季服装。由于深色毛纤维分布不匀,在浅色面上呈现不规则的深色雨丝纹,形成派力司独特的混色风格。派力司除全毛织品外,还有毛与化纤混纺和纯化纤派力司。

1.新建文件

新建白色背景文件,尺寸为 20cm×20cm,分辨率为 200 像素/英寸。如图 1-76 所示。

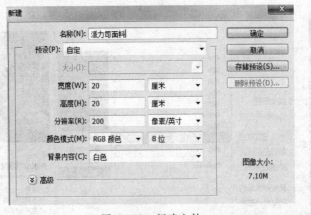

图 1-76　新建文件

2.制作基本肌理

应用"滤镜→杂色→添加杂色",给派力司面料的制作铺垫一个基本的肌理效果,注意勾选"单色"选项。如图 1-77 所示。

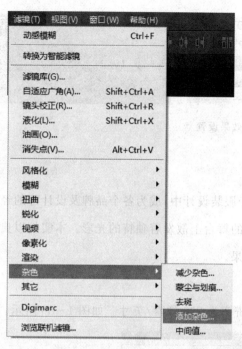
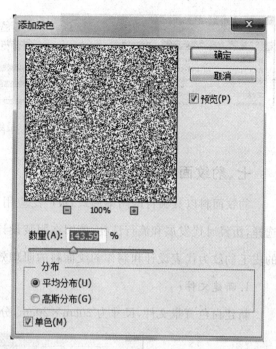

图 1-77 基本肌理制作

3.制作派力司面料典型肌理

应用"滤镜→滤镜库→画笔描边",选择"阴影线"选项,具体数值设置可参考图 1-78。

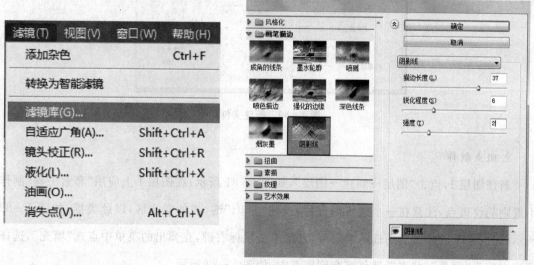

图 1-78 派力司肌理制作

4.调整最终颜色及效果

应用"图像→调整→色相/饱和度",注意勾选"着色"选项,滑动"色相"滑条,挑选需要的颜色。如图 1-79 所示。

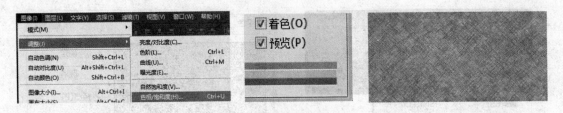

图1-79 最终效果设置

七、豹纹面料的设计与制作

豹纹面料以其独特的图案形式，被广泛应用于服装设计中，成为各个品牌及设计师的经典选择，历经时代发展和流行洗礼，依旧在服装设计的舞台上散发着独特的光彩。本实例以典型的皮毛豹纹为代表设计和制作豹纹面料的肌理效果。

1. 新建文件

新建白色背景文件，尺寸为20cm×20cm，分辨率为200像素/英寸。如图1-80所示。

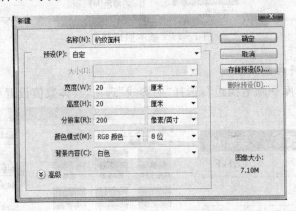

图1-80 新建文件

2. 斑点制作

新建图层1，点击"图层→新建→图层"，如图1-81所示；在图层1上应用"套索工具"制作不规则豹纹斑点，注意在一个选区形成后，按住"Shift"键，添加新选区，以此类推，如图1-82所示；完成整个豹纹斑点的选区绘制后，直接单击鼠标右键，在弹出的菜单中点选"填充"，选择填充内容为"颜色"，并选择黑色填充到斑点中，如图1-83所示。

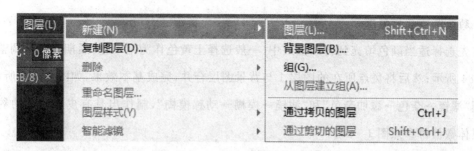

图 1-81 新建图层 1

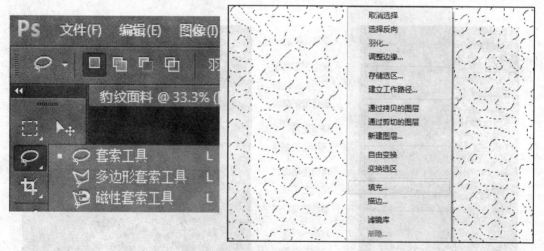

图 1-82 勾选斑点

图 1-83 填充斑点

3.豹纹肌理后期整理

首先选择适当颜色填充到背景图层中(一般选择土黄色作为基本色,后期可进行调整),如图 1-84 所示;然后将斑点所在的图层 1 与背景图层合并,完成基本效果,如图 1-85 所示;接着应用"滤镜→杂色→添加杂色"和"滤镜→模糊→动感模糊",制作出具有皮毛质感的豹纹效果。具体数值可参照图 1-86。

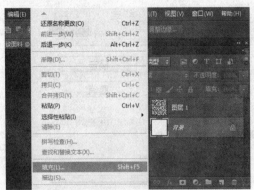

图 1-84 填充背景图层

图 1-85 合并图层

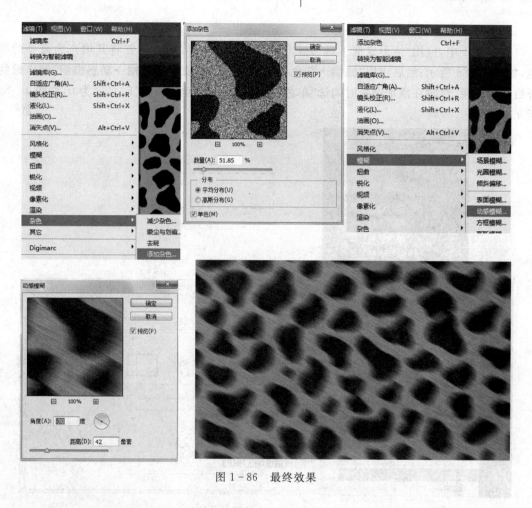

图 1-86 最终效果

八、草编效果的设计与制作

草编效果为应用植物纤维的肌理效果,是通过附着在某种材料之上,进行反复编织形成的全新效果,在服饰配件上应用极为广泛,例如箱包、帽子、鞋等。

1. 新建文件

新建白色背景文件,尺寸为 20cm×20cm,分辨率为 200 像素/英寸。并新建图层 1,如图 1-87所示。

图 1-87 新建文件

2. 制作草编单位形

在图层 1 中,应用"矩形选框工具",框出所需要的单位形的选区,并将其填充为需要的颜色,如图 1-88 所示;然后应用"滤镜→杂色→添加杂色"和"滤镜→模糊→动感模糊"制作植物纤维肌理效果,注意在添加杂色时勾选"单色"选项,以及在"动感模糊"时角度为 0,如图 1-89所示。

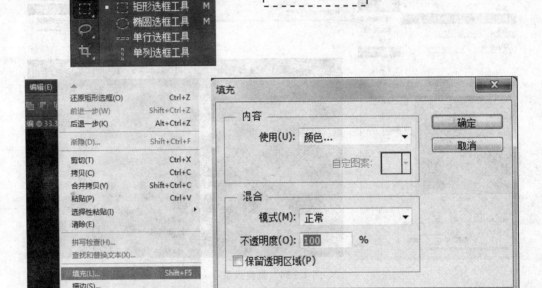

图 1-88 绘制基本形

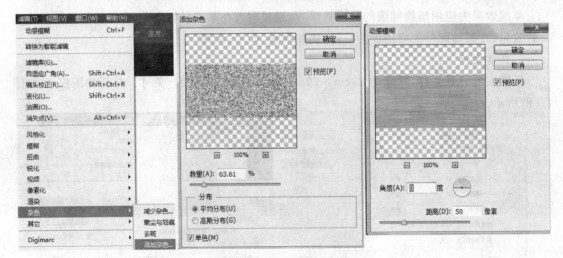

图 1-89 草编单位形制作

3.处理单位形效果并进行编织

首先应用加深、减淡工具对单位形进行明暗处理,使其具有独立的光影效果,如图 1-90 所示;点选移动工具并勾选辅助选项栏的"显示变换控件",将图像旋转 45°后按回车键结束编辑,如图 1-91 所示;然后应用移动工具配合按住"Alt"键对单位形进行拷贝和粘贴,使其自然生成图层 1 副本,应用"编辑→变换→水平翻转",将图层 1 副本中的图像翻转后与图层 1 的图像应用移动工具调整位置,进行组合后合并这两个图层,如图 1-92 所示。

图 1-90 光影效果

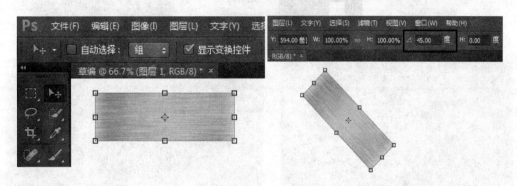

图 1-91 旋转后效果

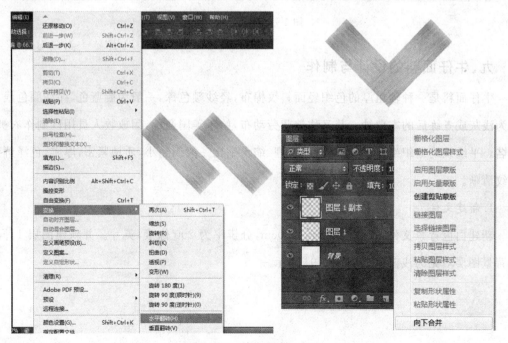

图 1-92 单位形编织方法

4.制作满幅编织效果

应用移动工具配合按住键盘"Alt"键,将步骤 3 制作好的单位形经过多次拷贝、粘贴形成竖排和横排的满幅排列效果,注意在每次拷贝生成新图层后与原有图层(背景图层除外)进行合并,另外在横排的时候,可根据实际需要的编织效果进行创意编排,使其呈现不同的编织效果。如图 1-93 所示。

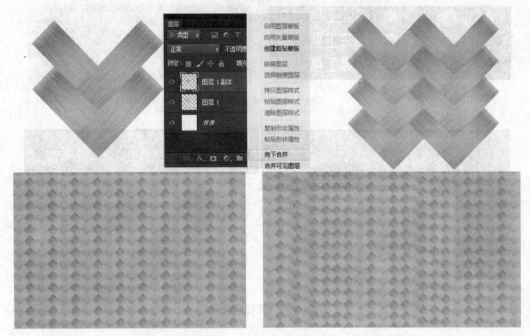

图 1-93　最终效果

九、牛仔面料的设计与制作

牛仔面料是一种较粗厚的色织经面斜纹棉布,经纱颜色深,一般为靛蓝色,纬纱颜色浅,一般为浅灰或煮练后的本白纱。其又称靛蓝劳动布,始于美国西部,因放牧人员用以制作衣裤而得名。平纹或绉组织牛仔,坯布经防缩整理,缩水率比一般织物小,质地紧密,厚实,色泽鲜艳,织纹清晰。

1.新建文件

新建白色背景文件,尺寸为 20cm×20cm,分辨率为 200 像素/英寸。并新建图层 1,同时将背景图层填充为浅蓝色,如图 1-94 所示。

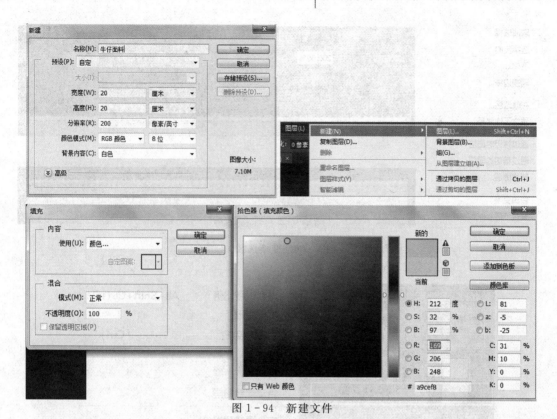

图 1-94　新建文件

2.定义图案

在新建的图层 1 顶端位置,应用矩形选框工具框选大约 0.15cm 的横条,并将其填充为白色,如图 1-95 所示。然后在选区没有去掉之前直接单击鼠标右键,在弹出的菜单中点选"变换选区",在菜单栏下的辅助选项中设置高度改变为原来的 2 倍即 200% 后按回车键两次结束编辑,如图 1-96 所示。轻移变换后的选框,使其完全置于画面顶端后,在图层控制面板中,将背景图层前眼睛标识点掉,使其不可见;回到图层 1,点击"编辑→定义图案",如图 1-97 所示。

图 1-95　框选横条并填色

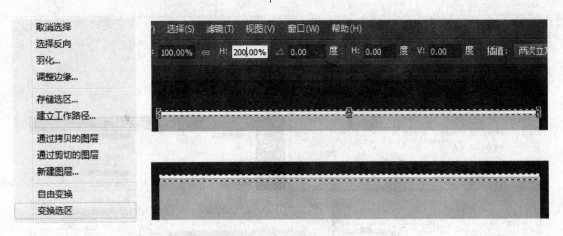

图1-96　变换选区

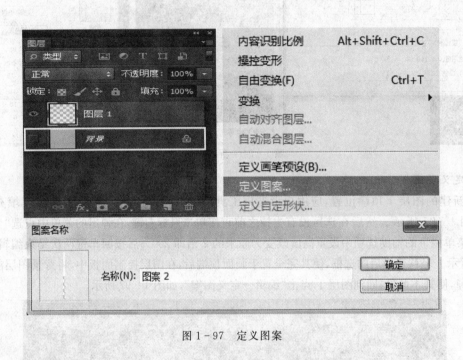

图1-97　定义图案

3.填充纹理图案

在图层1中,首先在菜单栏中点选"选择→全部"将整个画面全部选择,然后应用"编辑→填充"填充内容为"图案",选择步骤2中定义的"图案1",在图层控制面板中,将背景图层前眼睛点出来,让其可视后效果如图1-98所示。

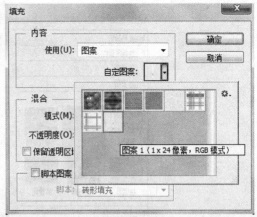

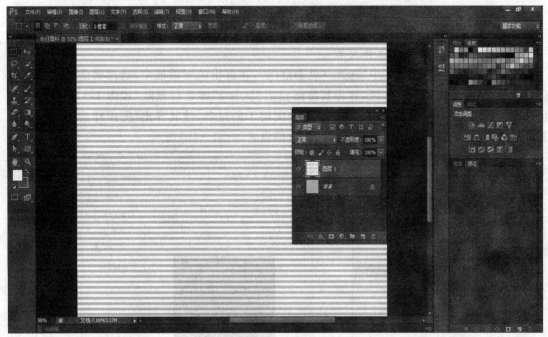

图 1-98 填充图案

4.制作牛仔纹理中的水洗效果

应用"滤镜→滤镜库→纹理",点选"颗粒"标签,并在下拉菜单中设置"颗粒类型"为"结块",如图 1-99 所示。(此处其他选项,大家在练习的时候也可以尝试一下,分别观察每一种颗粒类型对应的效果如何,在制作其他面料或效果的时候可以用到。)

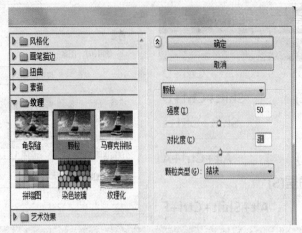

图1-99　水洗效果

5.制作牛仔纹理纱线的立体效果

在图层1中,点选菜单栏中"选择→色彩范围",在弹出的对话框中,选择横条上结块中的任意颜色,使其形成不规则选区,并将其按键盘上"Delete"键进行删除,如图1-100所示;去掉选区后,应用鼠标左键双击图层控制面板中图层1的尾部,使其弹出"图层样式"对话框,在其中勾选"斜面和浮雕"及"投影"标签,具体数值设置如图1-101所示。

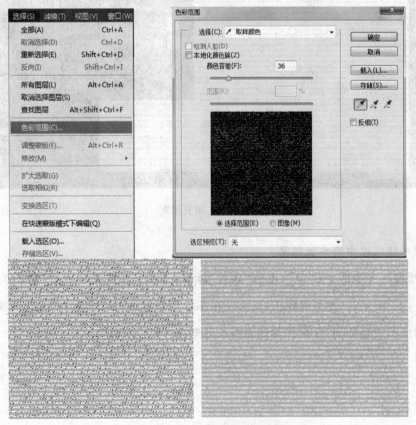

图1-100　色彩范围及删除

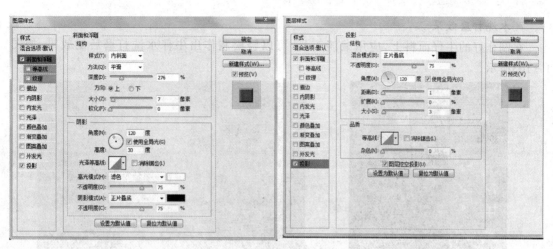

图 1-101 纹理纱线立体效果

6. 调整最终效果

将图层 1 与背景图层合并,由于牛仔面料多为斜纹面料,因此应用"裁剪"工具,将鼠标置于顶角位置,出现旋转图标,将定界框旋转 45°后按回车键结束编辑,使其呈现斜纹效果,如图 1-102所示。

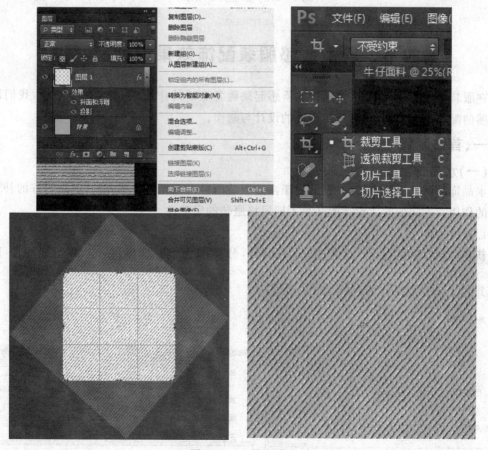

图 1-102 最终效果

7.水洗打磨效果

在制作好的牛仔面料上,应用减淡工具,可以轻松制作出牛仔水洗打磨后的效果,如图1-103所示。

图1-103　水洗打磨效果

第四节　典型质感服装配饰效果设计及制作

在服装设计的过程中,服饰配件的质感起到画龙点睛的作用,在本节的学习中,我们以典型质感的配饰作为实例,学习服装配饰的设计与制作。

一、首饰制作

(一)水晶饰品制作

水晶饰品以其晶莹剔透的质感,对于多数服装面料的无光泽质感,能够起到很好的补充和提亮的作用。不同的款式设计能凸显不同风格服装的完整性。

1.新建文件

新建白色背景文件,尺寸为 20cm×20cm,分辨率为 200 像素/英寸,并新建图层 1,如图1-104 所示。

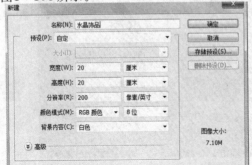

图1-104　新建文件

2.制作吊坠基本形状

应用"自定义形状工具"选择适当的形状作为吊坠的基本形,在图层 1 中拖拽,调整其大小及位置,在这个过程中,注意在辅助选项中选择工具模式为"路径",如图 1-105 所示;然后,应用路径的"直接选择工具",单击鼠标右键,在弹出的菜单中点选"填充路径",选择需要的水晶颜色进行填充,然后按"Delete"键删除路径,如图 1-106 所示。

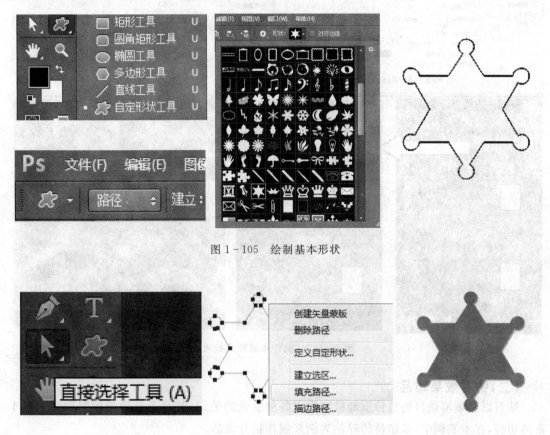

图 1-105 绘制基本形状

图 1-106 给基本形状填充颜色

3.制作立体水晶效果

用鼠标左键双击图层 1 尾部,在弹出的"图层样式"对话框中,勾选"斜面和浮雕"及"投影"选项;最后在图层控制面板中将图层的混合模式从正常改为"叠加",具体数值设置如图 1-107 所示。注意在"斜面和浮雕"及"投影"选项中,不同数值设置产生的效果是不同的,可根据实际需要调节数值。

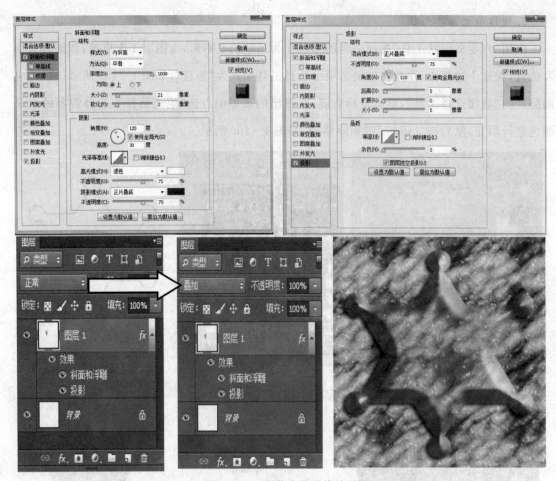

图 1-107 制作水晶最终效果

(二)钻石效果饰品

钻石以其璀璨炫目的独特质地被制作成各种款式的配饰,其对于光线的折射取决于它丰富的切面,在本实例中,以镶拼的碎钻为例来制作钻石饰品。

1.新建文件

新建白色背景文件,尺寸为 20cm×20cm,分辨率为 200 像素/英寸,并将背景色填充为黑色,如图 1-108 所示。

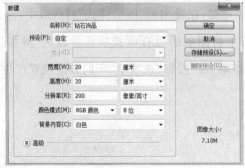

图 1-108 新建文件

2.制作基本形

应用"自定义形状工具"选择适当的形状作为吊坠的基本形,在图层1中拖拽,调整其大小及位置;应用路径直接选择工具单击鼠标右键,在弹出的菜单中选择"建立选区",直接在背景图层中给选区填充白色,需要注意的是选区在填充颜色后不要去掉。如图1-109所示。

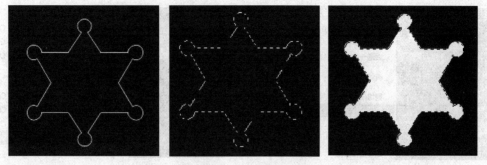

图1-109　制作基本形

3.制作钻石效果

应用"滤镜→滤镜库→扭曲",选择"玻璃"标签,并将纹理设置为"小镜头",具体数值设置参考图1-110。

 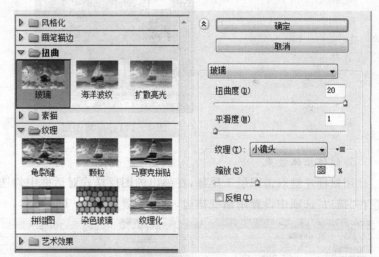

图1-110　钻石效果制作

4.分离图层

在未去掉选区前点击"编辑→拷贝"、"编辑→粘贴",在生成新图层1的同时,选区已经去掉,将背景图层填充为黑色,遮盖原有图像,将钻石饰品图层作为图层1,背景单独存在。如图1-111所示。

图1-111 分离图层

5.制作立体效果

用鼠标左键双击图层1尾部,在弹出的图层样式对话框中勾选"斜面和浮雕"及"描边",注意在"描边"选项中设置用渐变描边,具体设置如图1-112所示。

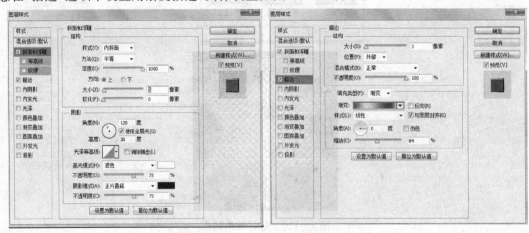

图1-112 立体效果

6.最终效果整理

新建图层2,应用画笔工具,配合"交叉线"笔刷形状,在图层2中点出钻石效果高光。如图1-113所示。

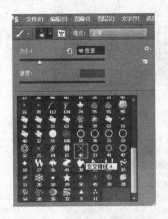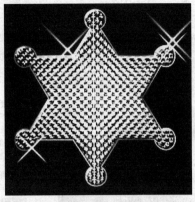

图1-113 最终效果整理

二、木纹扣子

木纹效果由于其优美的纹理曲线,可广泛应用于各种饰品的设计中。在本实例中,以扣子的形式为例,学习制作木纹效果。

1.新建文件

新建白色背景文件,尺寸为20cm×20cm,分辨率为200像素/英寸,并新建图层1,如图1-114所示。

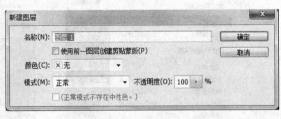

图1-114 新建文件

2.制作木纹肌理

在图层1中,填充木纹底色,应用"滤镜→杂色→添加杂色",注意勾选"单色"选项;然后应用"滤镜→模糊→动感模糊";最后应用"滤镜→扭曲→水波",如图1-115所示。

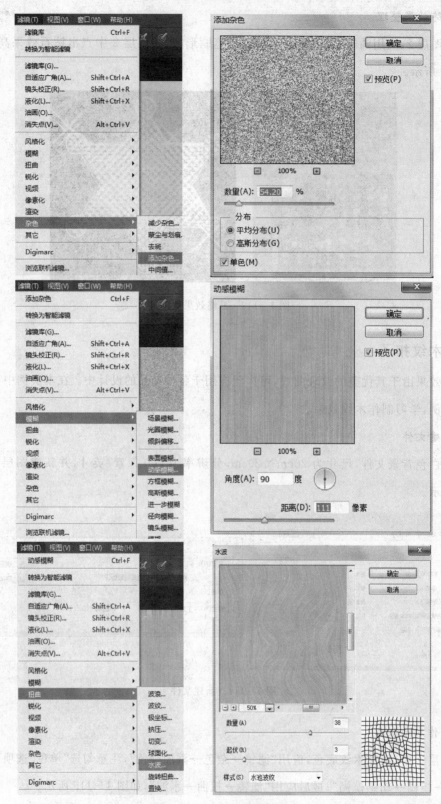

图 1-115　木纹肌理制作

3.制作扣子形状

首先,应用椭圆形选框工具,按住"Shift"键拖出正圆选框,置于画面中典型木纹区域,在菜单栏中应用"选择→反向",按"Delete"键删除多余图像部分;然后,应用椭圆形选框工具拖出扣眼的圆形选框,仍然按"Delete"键删除选中的部分,如图 1-116 所示。

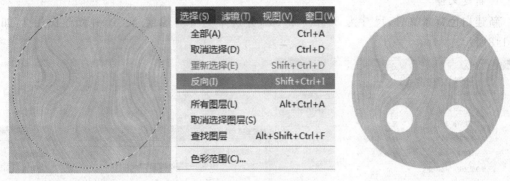

图 1-116 扣子形状制作

4.制作立体效果

应用鼠标左键双击图层 1 尾部,在弹出的图层样式对话框中,勾选"斜面和浮雕",具体数值设置如图 1-117 所示。

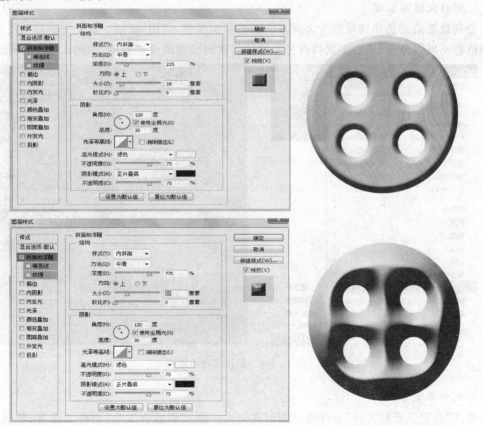

图 1-117 立体效果

三、大理石纹理饰品

大理石纹效果在实际使用中可用于表示不透明亚克力、石质、玳瑁等不规则纹样的材质表现,在本实例的学习中,以吊坠为例制作这种不规则纹理效果。

1.新建文件

新建白色背景文件,尺寸为 20cm×20cm,分辨率为 200 像素/英寸,并新建图层 1,如图 1-118所示。

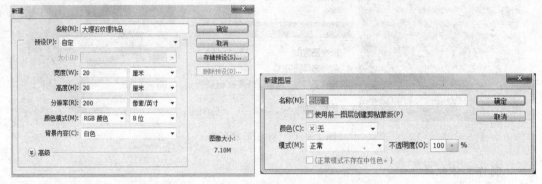

图 1-118　新建文件

2.制作大理石肌理

分别设置前景色和背景色为大理石纹理的基本颜色,应用"滤镜→渲染→云彩",使画面中两种色彩不规则分布;然后多次执行云彩滤镜后达到满意的纹理效果,如图 1-119 所示。

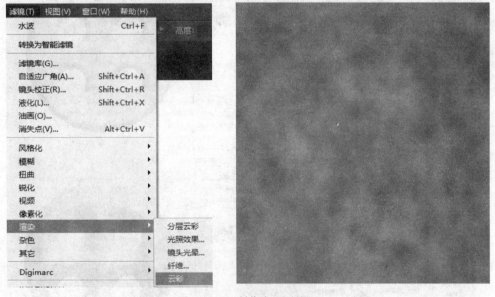

图 1-119　制作大理石纹理

3.制作吊坠形状

应用"自定义形状工具"选择适合图形在画面中拖拽到适合大小,调整其位置;然后,应用路径直接选择工具单击鼠标右键,在弹出的菜单中选择"建立选区";最后,在菜单中点击"选择→反向",将除了图形部分外其他区域选中后按"Delete"键删除,如图 1-120 所示。

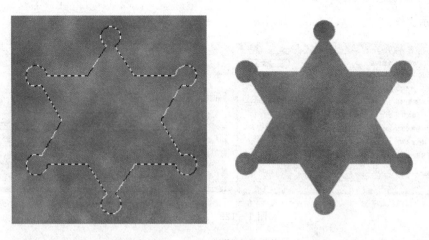

图 1-120　制作吊坠形状

4.制作立体效果

用鼠标左键双击图层 1 尾部,在弹出的图层样式对话框中,勾选"斜面和浮雕"选项,具体数值如图 1-121 所示。

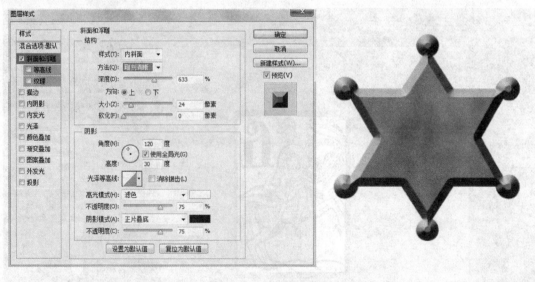

图 1-121　立体效果

四、金属制品

金属制品在服装中作为连接件和装饰件随处可见,其质感厚重,光泽耀眼。在本实例的学习中,将以金属铜牌为例进行讲解。

1.新建文件

新建白色背景文件,尺寸为 20cm×20cm,分辨率为 200 像素/英寸,并新建图层 1,如图

1-122所示。

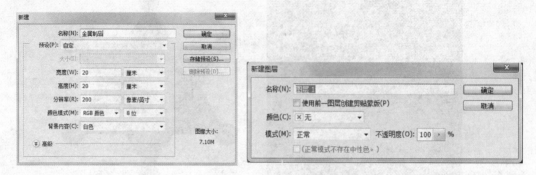

图1-122 新建文件

2. 载入处理线稿并填充底色

在图层1中填充土黄色作为金属铜质底色,打开一张作为铜牌图案的黑白线稿,将其应用移动工具拖入我们制图的"金属制品"文件画面,其自动生成图层2,如图1-123所示;应用菜单"选择→色彩范围"将线稿中白色区域选中后按"Delete"键删除,如图1-124所示。

图1-123 拖入线稿

图 1-124　处理线稿

3. 处理铜质底色图层

在图层 1 中,应用"矩形选框工具"沿图案外围框选(如图案为圆形则应用"椭圆形选框工具"),然后单击鼠标右键,在弹出的菜单中点选"选择反向",按"Delete"键删除多余图像,如图 1-125 所示。

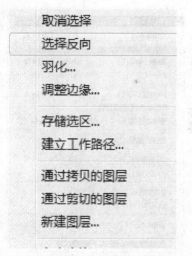

图 1-125　处理底色图层 1

4. 制作立体纹理效果

将底色图层 1 与线稿图层 2 合并,在图层控制面板中合并后的图层 1 上单击鼠标右键,在弹出的菜单中选择"复制图层",产生图层 1 副本,如图 1-126 所示;然后回到图层 1,应用"选择→载入选区",将选区填充为铜质底色,覆盖原有的纹理图案,如图 1-127 所示;对图层 1 副本执行"滤镜→风格化→浮雕效果";最后将图层 1 副本的图层混合模式调整为"叠加",如图 1-128所示。

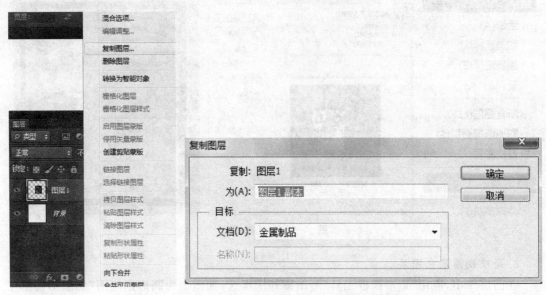

图 1-126　复制图层

图 1-127　对图层 1 填色

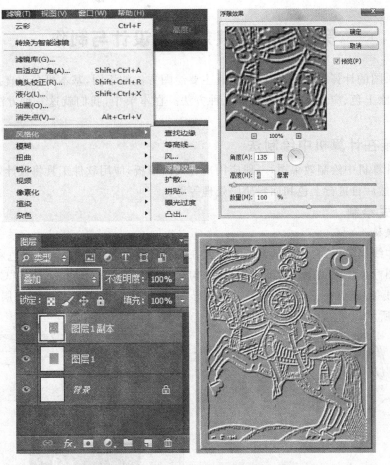

图1-128 立体纹理效果

5.整体立体效果处理

　　将图层1副本与图层1合并,在合并后生成的图层1尾部双击鼠标左键,在弹出的图层样式对话框中勾选"斜面和浮雕",如图1-129所示。

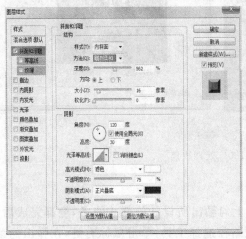

图1-129 整体立体效果

第五节　服装效果图设计与制作

服装效果图的计算机辅助设计,根据其主要绘图方法的不同,基本可分为直接在计算机中绘制、手稿平涂上色、应用现成面料制作三种方法。在本节中,我们就这三种方法分别以实例来讲解。

一、直接在计算机中绘制法

直接在计算机中绘制效果图,一般应用现有人体模板,应用软件工具将设计好的款式穿在现成人体上,然后再进行上色和面料质感处理等等。

(一)款式绘制

1.处理线稿

打开人体线稿模板,我们看到线稿目前是在背景图层中的,应用"选择→色彩范围",出现的吸管工具图标点在图像中白色的区域,注意勾选"反相"选项;同时按下键盘"Ctrl"键和字母C,拷贝线稿线条;最后按下键盘"Ctrl"键和字母V,自动生成图层1,将背景图层填充为白色。如图1-130所示。

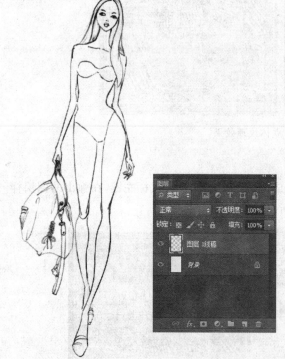
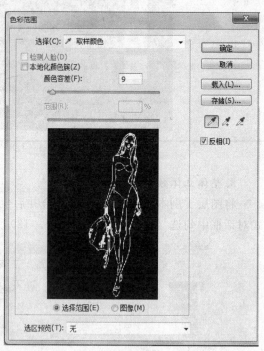

图1-130　处理线稿

2.勾出款式

新建图层2,应用钢笔工具直接在人体上勾勒出所设计的款式线条,全部完成后,选择画笔工具的笔刷形状为"硬边圆形"画笔,应用路径选择工具,单击鼠标右键,在弹出的菜单中点选"描边路径",选择描边工具为"画笔";最后用橡皮擦工具擦除多余的线条。如图1-131

所示。

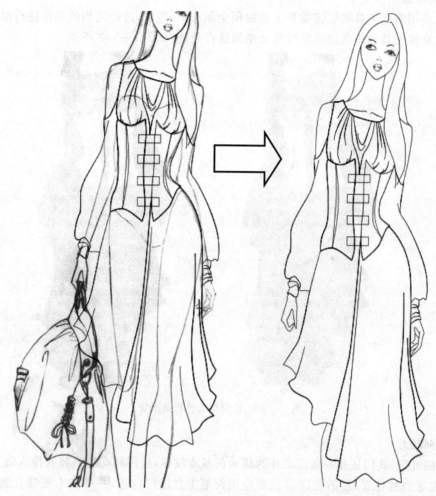

图 1-131　勾出款式

(二)上色

1.填充肤色及五官绘制

新建图层 2,应用画笔工具给画面上肤色,并应用加深
和减淡工具绘制肤色的光影效果。五官制作在第二节中已
经详细讲述,在此不再赘述。如图 1-132 所示。

图 1-132　肤色及五官

2.绘制服装

首先,应用钢笔工具将服装需要上色面积全部选中;然后,选择适当的颜色进行填充;最后应用加深、减淡工具对服装的光影效果及褶皱进行处理,如图 1-133 所示。

图 1-133 绘制服装色彩及褶皱

3.绘制腰封

腰封的处理,我们选择一张图案作为腰封的基本纹样,应用移动工具将其拖入效果图文件中,并放在适当的位置;然后将腰封位置应用钢笔工具进行勾选,并单击右键建立选区,应用"选择→反向"然后按"Delete"键将多余部分删除,如图 1-134 所示。

图 1-134 腰封

4. 处理腰封细致效果

首先应用加深、减淡工具将腰封进行光影处理,使其符合人体结构;然后应用"图像→调整→色相/饱和度"对其色彩进行调整,使其达到满意的效果;最后应用"滤镜→滤镜库→纹理→纹理化"选择适当纹理对腰封的质感进行处理。如图1-135所示。

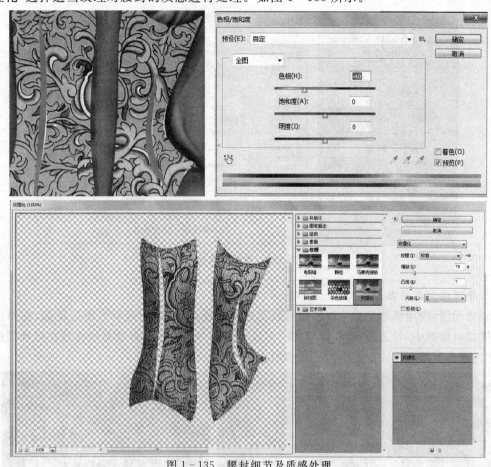

图1-135 腰封细节及质感处理

5. 添加腰封的搭袢

新建图层,应用"矩形选框工具"将腰封搭袢位置选定并填充颜色;然后,用鼠标左键双击图层尾部,在弹出的图层样式对话框中,勾选"斜面和浮雕"选项,使搭袢具有立体效果。如图1-136所示。

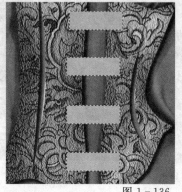

图1-136 添加腰封搭袢

6.添加搭襻纽扣

新建图层,应用"椭圆形选框工具"在搭襻适当位置选择纽扣位置,并填充颜色;然后,用鼠标左键双击图层尾部,在弹出的图层样式对话框中勾选"斜面和浮雕"选项,并将其"样式"设置为"枕状浮雕"。如图1-137所示。

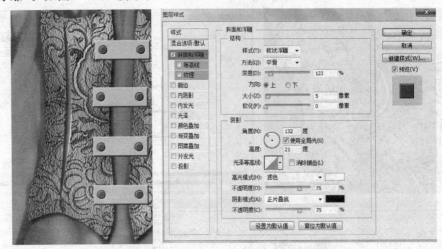

图1-137 添加搭襻纽扣

7.整理腰封最终效果

新建图层,应用画笔工具绘制腰封边线及搭襻边线,用鼠标左键双击图层尾部,在弹出的图层样式对话框中,勾选"斜面和浮雕"及"阴影"选项。最后,可选择适型纹样放在搭襻图层之上,并将图案图层的模式改为"柔光"。如图1-138所示。

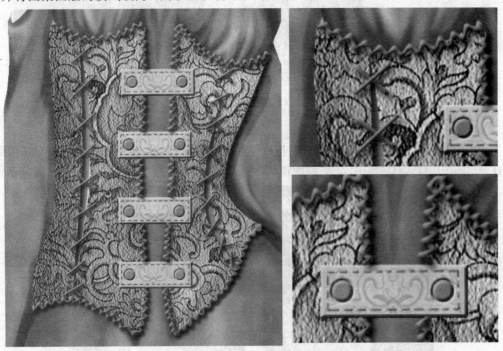

图1-138 腰封最终效果

8.效果图完整最终效果

在完成以上步骤后,一副完全由计算机 PS 软件绘制的效果图就完成了,调整整体颜色或细节后,我们就得到了完整的效果图。如图 1－139 所示。

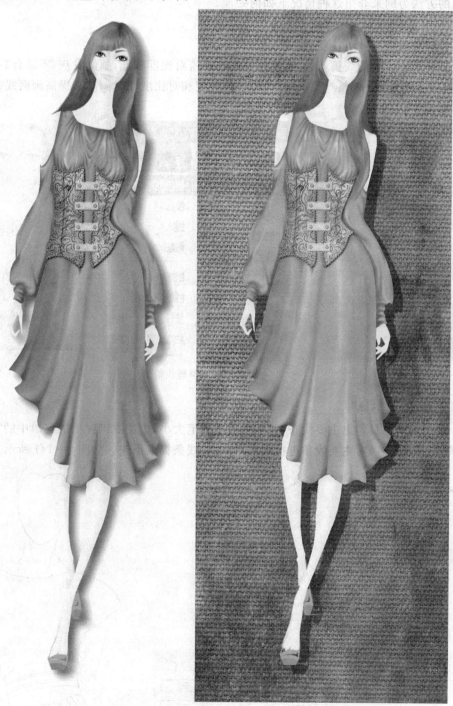

图 1－139　最终效果

二、手稿平涂上色法

在效果图的计算机辅助设计中,应用手绘线稿计算机上色是比较普遍的方法,我们以平涂上色的方法为例来介绍这种情况下如何处理。

(一)处理线稿

1.整理线稿

打开手绘扫描的线稿,我们会发现此时的线稿对比度较低,画面发灰,不适合后期上色,因此我们应用"图像→调整→亮度/对比度",将亮度和对比度同时调高来提高画面线条的清晰程度。如图1-140所示。

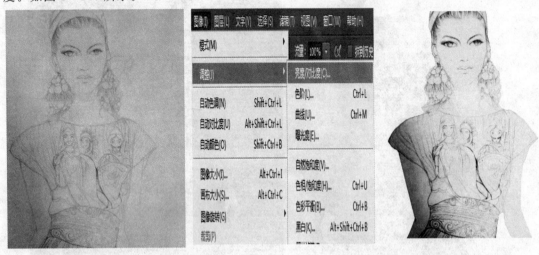

图1-140　整理线稿

2.提取主要线条

应用钢笔工具勾出主要线条,并选择适当画笔大小,应用右键弹出的菜单中的"描边路径"(钢笔工具当选时)对主要线条进行描绘,将主要线条提取出来。如图1-141所示。

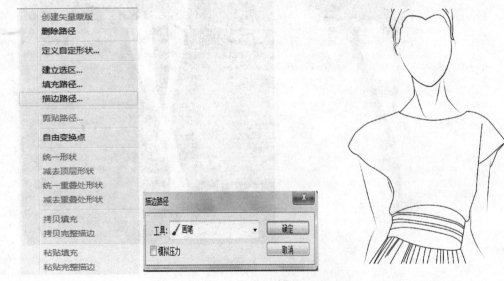

图1-141　提取主要线条

(二)平涂上色

1.头发上色

新建图层,在头发区域中,应用钢笔工具进行发簇区域选择,闭合路径后,单击鼠标右键,在弹出的菜单中选择"建立选区",应用适当颜色进行填充。注意头发的光影效果产生的层次,在平涂法中,我们每次选取不同深浅的颜色进行填充,而不是应用加深和减淡工具。如图1-142所示。

图1-142　头发上色

2.脸部上色

新建图层,应用钢笔工具勾选脸部面积,并填充颜色;经过多次勾选区分面部光影效果;然后应用钢笔工具勾出五官,如图1-143所示。

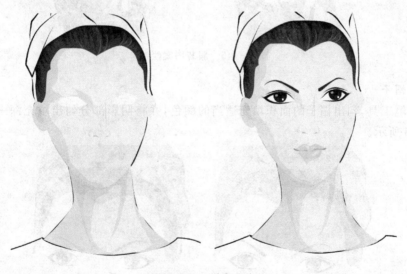

图1-143　脸部上色

3.服装底色

新建图层,应用钢笔工具勾选服装部分,并填充底色。根据款式区分条纹的颜色,并注意条纹在穿着人体后的变形和弯曲变化。如图1-144所示。

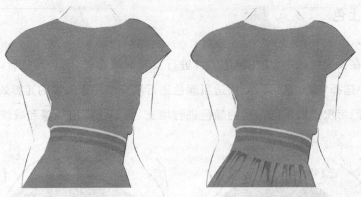

图1-144　服装底色

4.服装图案绘制

　　根据设计的图案对服装主体进行图案绘制,应用钢笔工具勾出图案每个色块的面积,然后选择适当的颜色进行填充,注意色块之间的衔接,不能出现缝隙,必要时可应用多个图层的叠加进行绘制,避免出现缝隙的问题,并根据衣纹为图案添加阴影。如图1-145所示。

图1-145　服装图案绘制

5.绘制帽子

　　应用钢笔工具,勾出帽子的面积填充适当的颜色,并将阴影部分勾出填充深一度的颜色。如图1-146所示。

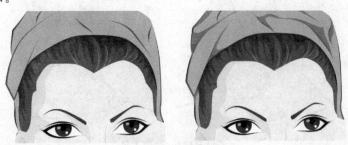

图1-146　绘制帽子

6.绘制耳环

　　应用形状工具,将耳环绘制出来,并填充颜色;然后应用钢笔工具绘制耳环吊坠流苏,最后勾勒高光及阴影部分。如图1-147所示。

图 1-147　绘制耳环

7. 绘制腰带图案

新建图层，应用钢笔工具在腰带中勾出所需图案，并填充颜色；需要注意的是对于单线条图案可应用"描边路径"，在具体绘制时只需要注意路径的走势及描边的画笔大小就可以，不必所有的图案都勾出双重边线。如图 1-148 所示。

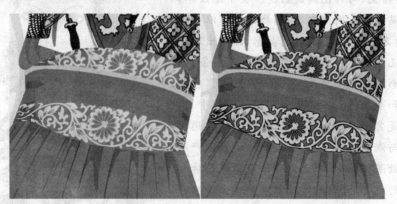

图 1-148　腰带图案绘制

8. 裙子钉珠绘制

新建图层，在裙褶皱的适当位置应用画笔工具添加钉珠，注意钉珠的光影立体感及与褶皱阴影的关系，如图 1-149 所示。

图 1-149　裙摆钉珠

【重点提示】

在整个作图过程中,要认真区别不同图层的内容,避免图层错乱,对作图造成困扰。在平涂法中,由于色彩饱满、均匀,因此在后期,线稿是可以去掉的,这样画面更具有清晰、明确的美感,避免出现黑色线条的突兀感,如有必要必须保留线稿线条,则可将线条色彩根据需要更改,不必一律应用黑色边线缺少变化和层次感。在平涂法制图的过程中,本案例采用的是完全平面上色效果,但在实际应用中可将平涂法与渐变过渡上色方法相结合,也可产生极其逼真的效果,具体绘制上色方法可根据设计和制图需要进行选择,每一种方法都不是完全单独存在的。图 1-150 为最终效果。

三、应用现成面料法

在服装效果图的设计和绘制过程中,也可以应用现成面料来表现质感。面料在计算机辅助设计中一般来源于扫描或者拍摄的面料实物,将其处理后应用到服装效果图的绘制中。下面我们针对这种方法进行详细讲解。

(一)基本设计线稿的确定

1.新建文件并将线稿置入

应用"文件→新建",在弹出的对话框中设置图

图 1-150　最终效果

像的宽 20cm,高 40cm,分辨率为 300 像素/英寸。打开线稿文件,并应用移动工具将其拖拽至新建的图像中。如图 1-151 所示。

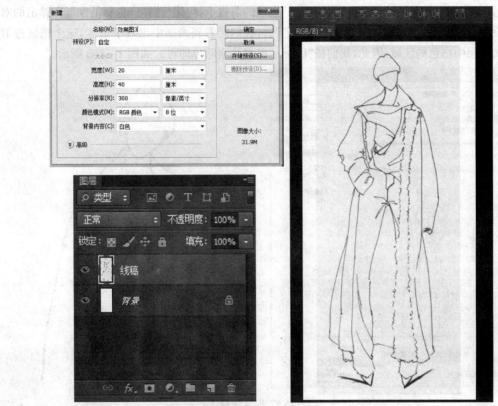

图 1-151 新建图像置入线稿

2.调整线稿

在"线稿"图层当选的前提下,应用"图像→调整→去色",将线稿扫描时的全色彩调整为无彩色。然后,应用"图像→调整→亮度/对比度",调整数值可参考图中所示,目的是将线稿图层的背景色调整为白色,并使线稿的线条突出。如图 1-152 所示。

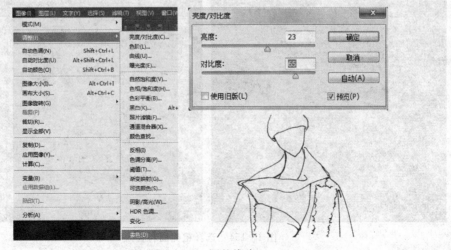

图 1-152 调整线稿

3.提取线稿

提取线稿的目的是让线稿只保留线条部分,去掉白色背景色块,保证在后面应用面料填充的时候,面料置于线稿下方不被遮挡。在"线稿图层"当选的前提下,应用"选择→色彩范围",在弹出的对话框中设置相应数值,保证线条完整,点击"确定"后,我们能看到画面中出现了选区,这个选区选取的是线稿图层中白色的区域,因此,我们按"Delete"键将其删除掉即可。如图1-153所示。

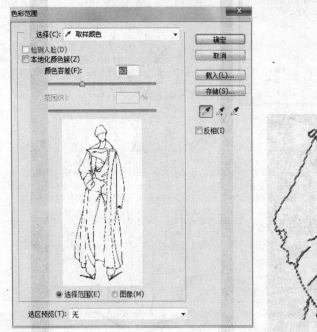

图1-153 提取线稿

(二)现成面料的选择及应用

1.选择粗呢面料作为上衣外套的基本面料

打开一块粗呢面料(可根据需要选择其他现成面料)并将其应用移动工具拖拽至画面中,如图1-154所示。

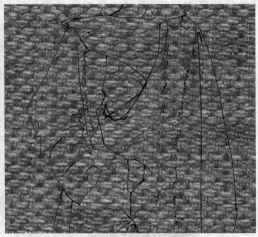

图1-154 选择粗呢面料置入

2. 将放置好的面料应用到效果图中

应用钢笔工具勾选出上衣外套的部分,单击鼠标右键,在弹出的菜单中点选"建立选区",这样需要填面料的部分就选好了,接下来在面料图层当选的前提下,应用"选择→反向",按"Delete"键删除多余面料,最终形成效果如图 1-155 所示。

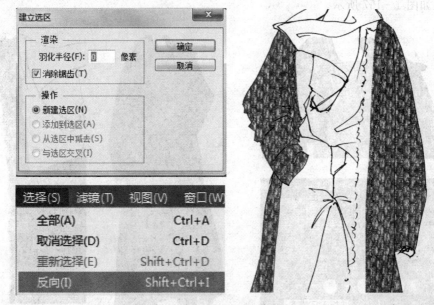

图 1-155 修整面料并应用

3. 填充其他面积

应用钢笔工具勾选出上衣内搭和长裤的部分(注意适当空出毛皮领子的位置),并选用相应面料进行填充,如图 1-156 所示。

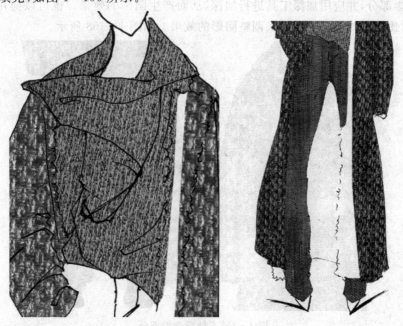

图 1-156 添加内搭及长裤部分面料

4.制作毛皮部分

新建图层在所有面料图层之上,作为制作毛皮领子的图层。打开一张毛皮素材图片,应用移动工具将其拖拽至这个新建的图层中,用移动工具配合"Alt"键将这块皮草素材不断复制,并排放在相应位置上,最后应用橡皮工具配合"柔边圆压力不透明度"的笔刷形状对毛皮边缘进行整理,如图 1-157 所示。

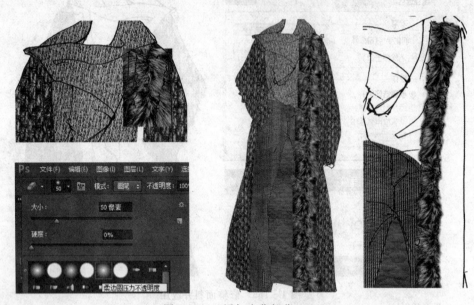

图 1-157　添加皮草部分

5.光影处理

针对整个画面中面料部分,根据褶皱的走向和受光面的不同进行光影处理。应用钢笔工具勾选出阴影部分,并应用加深工具进行加深,从而产生阴影的效果。也可以应用"图像→调整→亮度/对比度",减小亮度数值来调整阴影的效果。如图 1-158 所示。

图 1-158　处理光影部分

6.**最终成图整理**

给效果图添加头发和肤色及五官等,调整整体色彩成图,如图 1-159 所示。

图 1-159 最终效果

思考与练习

1.练习新建文件,要求名称为"服装设计",尺寸为 A4,分辨率为 200 像素/英寸。

2.练习图像模式更改,将默认图像模式调整为 CMYK 模式。

3.在本章第二节实例制作中,如何将眼睛和眉毛从一边变成两边对称?

4.本章第二节中三种头发的制作方法如何综合运用?

5.在制作格子面料时,除了实例中的单位形外,不同的单位形定义而成的图案也会有很大的不同,请同学们在制作过程中进行思考,将设计单位纹作为拓展训练。

6.在制作色织布的基础上,将其拓展为泡泡纱效果。在实例中步骤 5 后,可应用"滤镜→扭曲→波纹"将垂直方向条状进行变形,然后复制此图层并将其旋转 90°后调整其图层不透明度,进而形成泡泡纱效果。请同学们根据上述制作步骤思考制作。

7.在制作迷彩面料的时候,可根据需要在制作出完整的迷彩纹理后将其更改为其他颜色,应用"图像→调整→变化"进行微调,制作出如野战迷彩、沙漠迷彩、海军迷彩等。另外,在制作迷彩肌理的基础上,我们可以将其赋予其他面料纹理效果,应用"滤镜→滤镜库→纹理"选择适合的纹理。请同学们尝试练习。

8.在制作针织纹理的同时,尝试在排列针织纹理横排排列时,应用"编辑→变换→垂直翻转"将纹理排列为一排正针、一排反针,或者两排正针、两排反针等,从而出现不同的针织组织结构效果。

9.在制作完成豹纹面料的基本肌理后,应用"图像→调整→变化"针对整个画面进行色彩微调,达到其他色彩效果,思考应用这种调整方式可将包括斑点在内的色彩进行细微变化,使整个画面协调一致。

10.在排列草编的单位形时,若希望出现1∶1的格子效果,可在单位形最初设置时选择长宽比为2∶1,那么在后期编织的时候就可以实现,同学们可以尝试应用不同的比例和不同的旋转角度,制作出更加精彩的效果。

11.在制作牛仔面料的过程中,应用步骤2和步骤3,可制作出条纹效果面料,应用步骤2、步骤3加步骤5中图层样式的调整,可制作出条绒面料的效果,另外,如果需要条纹出现的间距不是1∶1的比例,可在定义图案环节调整选框与条纹的面积关系,以达到不同条纹效果的制作目的。请同学们尝试练习。

第二章　Illustrator 辅助设计方法与实践

 学习目标

学习 Illustrator 完成效果图的辅助设计方法

 重点难点

不同工具的应用及与 Photoshop 结合应用方法

Illustrator 是由 Adobe 公司开发的一款优秀的矢量图形绘制和排版软件，该软件是目前世界上最优秀的平面设计软件之一，其主要功能是矢量绘图，同时它还集排版、图像合成及高品质输出等功能于一身，并广泛应用于服装设计、平面广告设计、包装设计、标志设计、书籍装帧、名片、网页及排版等方面。本章将结合服装款式设计板块，全面讲解软件工作界面、管理窗口和面板操作、绘图工具及操作，以及常用快捷键等内容。

第一节　软件界面及辅助设计范围

一、Illustrator 使用界面

执行"开始→所有程序→Illustrator"命令，将启动 Illustrator 程序，此时即可进入工作界面，如图 2-1 所示。

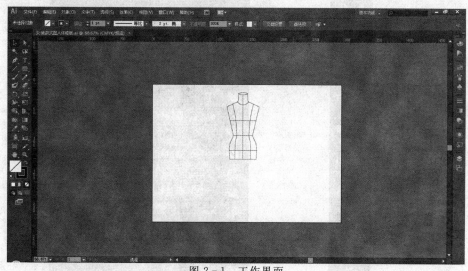

图 2-1　工作界面

二、菜单栏及操作界面

菜单栏位于整个工作界面的顶端,显示了当前应用程序的名称和相应菜单。菜单栏下设"文件"、"编辑"、"对象"、"文字"、"选择"、"效果"、"视图"、"窗口"、"帮助"9 个菜单,如图 2-2 所示。单击下设的任意菜单都会显示该菜单内所包含的命令。

图 2-2　菜单栏

单击栏目右上角的"基本功能"按钮,即会弹出下拉菜单,以便于对工作界面的形式进行更换或新建工作区域等操作。如图 2-3 所示。

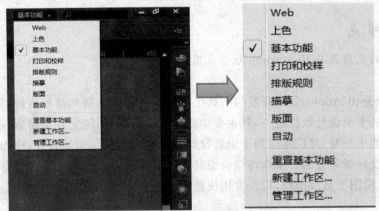

图 2-3　基本功能按钮

工具箱位于工作界面的左侧,由若干个工具组成,单击工具图标即可使用所需的工具,如图 2-4 所示。若工具图标的右下角有一个小的三角形,则表示该工具有其他的选项,长按该工具图标,即会弹出隐藏的工具选项,如图 2-5 所示。

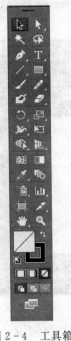

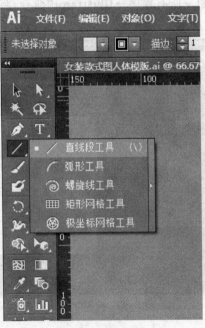

图 2-4　工具箱　　　　　　图 2-5　隐藏工具

属性条位于菜单栏的下方,主要显示当前选定部分的属性,如图 2-6 所标注的是直线工具的基本属性,我们可以通过属性条中数据的调整来实现所选部分的不同变化。

图 2-6　属性条

绘图窗口是指软件工作界面中的白色部分,我们可以在新建文件时重新设定纸张的大小。在转存或导出时,只有绘图区域的图形是可以进行打印的。如图 2-7 所示。

图 2-7　绘图窗口

浮动面板在绘图窗口的右侧,我们可以根据自己的需要来增减所需面板,同时也可以随意将面板展开或收起。如图 2-8 所示。

图 2-8　浮动面板

三、Illustrator 辅助设计的使用范围

Illustrator 是目前世界上最优秀的平面设计软件之一,其主要功能是矢量绘图,同时它还集排版、图像合成及高品质输出等功能于一身。在服装设计范畴中,我们通常可以利用该软件进行效果图及款式图的绘制,同时也可以利用该软件对绘制好的效果图及款式图进行排版,使画面更加规整、有时尚感。

当然,服装设计的范围非常广泛,其中还包括服装饰品设计、配饰设计、图案设计、服装色彩搭配、时尚插画设计等,我们都可以利用 Illustrator 的强大功能达到预期的目的及效果。如图 2-9 所示。

图 2-9 应用示例

第二节 工具使用实例

在第一节中,我们简要介绍了 Illustrator 的操作界面,同时也介绍了该软件工具箱所处的位置及切换功能。本节我们将进一步介绍在服装设计当中的常用工具及使用方法。

一、Illustrator 工具的使用

(一)移动工具(选择工具)

移动工具是制图中最常用的工具之一,其作用是选择、移动任意图形或元素。在工具箱中,我们点击 ▶ 图标,启动该工具。选定后,鼠标指向所需移动的图形并单击,图形周围会出现临界点,我们可以利用移动工具随意拖动图形至所需位置,同时也可通过移动工具调整图形的大小。如图 2-10 所示。

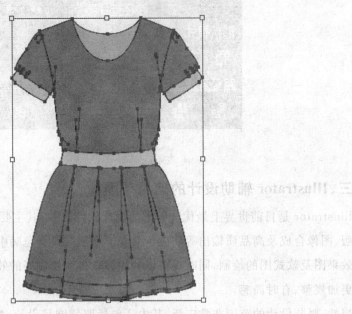

图 2-10 移动工具

需要注意的是,在拖动图形、图像的同时,按住"Shift"键,在横向上就可以水平拖动图形,

纵向上垂直拖动图形;同时,也可以向斜上、斜下的45°左右拖动图形。若需等比放大或缩小图形、图像,则在调整图形大小时,按"Shift"键,可以以左上角为定点进行等比放大或缩小;按"Shift"+"Alt"键,则可以以中心为定点等比放大或缩小所选定的图形、图像。

(二)直接选择工具组

直接选择工具是制图常用工具,我们可以通过点击路径上单独的锚点,进行图形的编辑及调整。在工具箱中,我们点击移动工具右侧的直接选择工具 图标,即可对锚点进行调整。用直接选择工具点击该路径上所需调整的点后,拖动调整杠杆,编辑调整该锚点的属性。如图2-11所示。

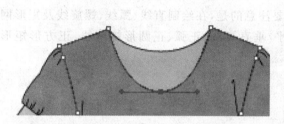
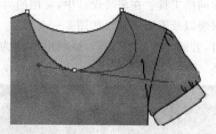

图2-11 直接选择工具

(三)魔棒工具

魔棒工具 主要用于选择具有相同属性的图形对象,例如相同填充色彩、混合模式、画笔类型等。我们可以利用该工具,方便快捷地调整细小零碎的具有相同属性的图形图像。如图2-12所示。

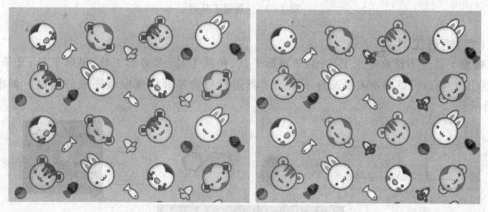

图2-12 魔棒工具

(四)钢笔工具组

钢笔工具是绘制直线、曲线以及自由线条的首选工具,如图2-13所示。该工具组共有4种基本工具,包括:钢笔工具、添加锚点工具、删除锚点工具和转换锚点工具,如图2-14所示。(关于钢笔工具组的详细使用方法,我们将在第三节进行详细讲解。)

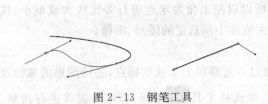

图2-13 钢笔工具 　　　　图2-14 钢笔工具组

(五)直线工具组

直线工具组共有5种不同的工具,直线段工具、弧形工具、螺旋线工具、矩形网格工具、极坐标网格工具。在服装设计中,常用的为前4种工具。可以利用这4种工具绘制出不同风格的服装以及服饰图案。如图2-15所示。需要注意的是,在绘制直线、弧线、螺旋线及矩形网格时,若同时按住"Shift",绘制出的则为水平/垂直直线、正弧、正圆形螺旋线、正方形矩形网格。

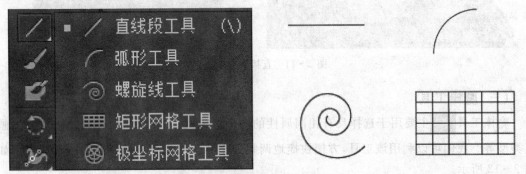

图2-15 直线工具组

(六)矩形工具组

矩形工具组下设有矩形工具、圆角矩形工具、椭圆工具、多边形工具、星形工具、光晕工具6种常用工具。可以根据需要选择不同的工具进行服装零部件或服装图案的绘制。如图2-16所示。

图2-16 矩形工具组

使用矩形工具组有两种方法。方法一：单击工具组中的所需任意工具，在绘图窗口中以拖拽的方式进行绘制。方法二：选择工具组中所需工具，在绘图窗口中的任意位置单击鼠标，此时会出现所选工具的选项，我们可以在这个选项框中调整该工具的任意属性，例如矩形的边长、圆角矩形的圆角半径、圆形的半径、多边形及星形的边数等。

（七）渐变工具

在服装设计的范畴中，渐变工具通常被用于带有渐变风格的服装色彩添加。我们可以先用魔棒工具选择所需填色的部分，然后选择渐变工具 ，将其在所需填色的部分进行拖拽。如图2-17所示。

我们可以在位于绘图窗口右侧的浮动面板中更改渐变工具的相关属性，例如渐变的形式（线性或径向）、颜色渐变的角度、不透明度以及边框属性等，并结合颜色浮动面板调整渐变的颜色。如图2-18所示。

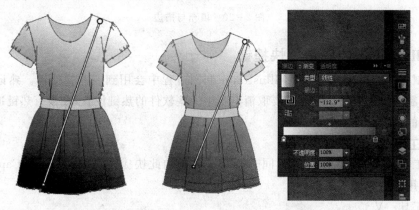

图2-17 渐变工具应用　　　　　图2-18 渐变属性调整

（八）吸管工具

在服装设计过程中，吸管工具也是非常常用的工具之一。它可以吸取其他图形的颜色，作为当前编辑图形的填充色或轮廓色。我们通常单击所需填色图形后，单击吸管工具图标 ，选择所需颜色，并单击即可。如图2-19所示。

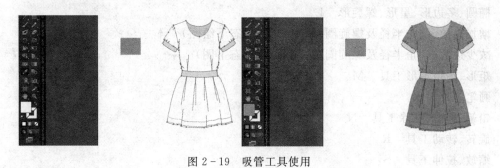

图2-19 吸管工具使用

（九）填充与描边

填充与描边是软件中最基本的使用功能，可以通过填充与描边对多选图形进行颜色填充或轮廓填充。双击该工具，弹出拾色器，可以在拾色器中设置所需颜色的属性。如图2-20所示。

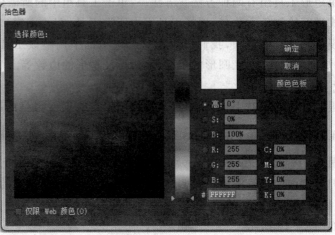

图 2-20　填充与描边

二、Illustrator 制图常用快捷键

为了制图的简便,通常在利用 Illustrator 制图过程中会用到一些快捷键。熟记这些快捷键,可以为制图提供方便。首先需要取消电脑中一些软件的热键设置,在没有热键冲突的条件下,该软件的快捷键设置如下:

(一)工具箱

多种工具共用一个快捷键的可同时按"Shift"键加此快捷键选取,当按下"Caps Lock"键时,可直接用此快捷键切换。

移动工具　V

直接选择工具、编组选取工具　A

钢笔、添加锚点、删除锚点、改变路径角度　P

添加锚点工具　＋

删除锚点工具　—

文字、区域文字、路径文字、竖向文字、竖向区域文字、竖向路径文字　T

椭圆、多边形、星形、螺旋形　L

增加边数、倒角半径及螺旋圈数(在 L、M 状态下绘图)　↑

减少边数、倒角半径及螺旋圈数(在 L、M 状态下图)　↓

矩形、圆角矩形工具　M

画笔工具　B

铅笔、圆滑、抹除工具　N

旋转、转动工具　R

缩放、拉伸工具　S

镜向、倾斜工具　O

自由变形工具　E

混合、自动勾边工具　W

图表工具(七种图表)　J

渐变网点工具　U

渐变填色工具　G

颜色取样器　I

油漆桶工具　K

剪刀、餐刀工具　C

视图平移、页面、尺寸工具　H

放大镜工具　Z

默认前景色和背景色　D

切换填充和描边　X

标准屏幕模式、带有菜单栏的全屏模式、全屏模式　F

切换为颜色填充　<

切换为渐变填充　>

切换为无填充　/

临时使用抓手工具　空格

临时复制图形图像　Alt＋拖动

(二)文件操作

新建图形文件　Ctrl＋N

打开已有的图像　Ctrl＋O

关闭当前图像　Ctrl＋W

保存当前图像　Ctrl＋S

另存为　Ctrl＋Shift＋S

存储副本　Ctrl＋Alt＋S

页面设置　Ctrl＋Shift＋P

文档设置　Ctrl＋Alt＋P

打印　Ctrl＋P

打开"预置"对话框　Ctrl＋K

回复到上次存盘之前的状态　F12

(三)编辑操作

还原前面的操作(步数可在预置中)　Ctrl＋Z

还原撤销的操作　Ctrl＋Shift＋Z

将选取的内容剪切放到剪贴板　Ctrl＋X 或 F2

将选取的内容拷贝放到剪贴板　Ctrl＋C

将剪贴板的内容粘到当前图形中　Ctrl＋V 或 F4

将剪贴板的内容粘到最前面　Ctrl＋F

将剪贴板的内容粘到最后面　Ctrl＋B

删除所选对象　Del

选取全部对象　Ctrl＋A

取消选择　Ctrl＋Shift＋A

再次转换　Ctrl＋D

发送到最前面　Ctrl＋Shift＋]

向前发送　Ctrl＋]

发送到最后面　Ctrl＋Shift＋[

向后发送　Ctrl＋[

群组所选物体　Ctrl＋G

取消所选物体的群组　Ctrl＋Shift＋G

锁定所选的物体　Ctrl＋2

锁定没有选择的物体　Ctrl＋Alt＋Shift＋2

全部解除锁定　Ctrl＋Alt＋2

对齐路径点　Ctrl＋Alt＋J

第三节　平面款式图设计及制作

上一节我们介绍了服装设计范畴内 Illustrator 软件中的常用工具,本节我们着重介绍利用这些工具如何制作服装的款式图。在本节中,我们将以衬衫、连衣裙、夹克、西服为例,分别介绍制作款式图的方式方法。

一、衬衫

(一)文件的基本操作

1.新建文件

方法一:单击菜单栏"文件"按钮,选择新建文件。根据需要设置纸张的大小,或直接输入纸张的宽度与高度;同时可以在"取向"处设置纸张的方向;调整好所需纸张大小及形式后,单击"确定"后新建文件。如图 2-21 所示。

方法二:利用快捷键"Ctrl"＋"N"新建文件,弹出与方法一相同的对话框,根据需要调整相关数据后,单击"确定"即可新建文件。

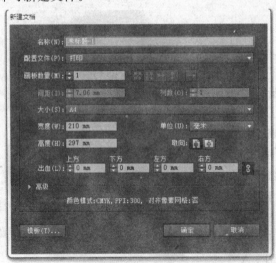

图 2-21　新建文件

2.打开文件

方法一:单击菜单栏"文件",打开文件。选择指定文件夹,选择所需文件,点击打开。Illustrator默认打开的文件格式为"××.ai",同时亦可打开"EPS"格式。

方法二:打开指定文件夹,选择所需打开文件,拖动至Illustrator操作版面内,即可打开相关文件。

本步骤,我们打开男装的人体模板,并利用标尺("Ctrl"+"R")确定辅助线位置。如图2-22所示。

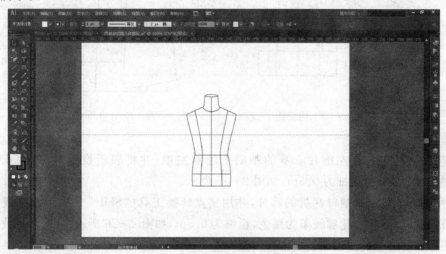

图2-22　打开人体模板

(二)款式图制作

一般服装效果图所配的手绘款式图有两种,一种为比例法,一种为对称法。

在应用比例法进行绘制时,通常是在纸面上绘制几条基础的辅助线以达到定点的目的,例如:肩线、胸围线、腰围线、臀围线;然后根据所设计服装的款式,进行其余辅助线的确立,例如:领窝线、袖窿线、裙摆线等。通过这些辅助线的建立,能够绘制出比例规范的服装款式图。

在用对称法绘制效果图时,根据人体对称的特性,通常只绘制半边(左或右),之后沿中线对称拓出另外一边。

根据以上手绘款式图的经验我们不难看出,用电脑制作效果图时也可以使用比例法、对称法。本书中,我们还将介绍几种拓展的方法,使手绘款式图和电脑制作的服装款式图相结合。

1.比例对称法

(1)在刚刚打开的"男装的人体模板"中添加辅助线确定领口、肩线、袖长、衣长、下摆等位置,如图2-23所示。为了确保人体模板及辅助线在作图时不被移动,可以先将这部分图形进行锁定,即框选所有图形并使用快捷键"Ctrl"+"2"。

(2)单击钢笔工具(P)在带有辅助线的模板上进行左侧前片的造型绘制,并用直接选择工具(A)进行锚点位置及其他属性的调整。使用移动工具(V)选择勾勒好的左前片,并点击工具箱中颜色属性的默认值按钮 ，将左前片的颜色设置为白色,并设置轮廓描边为黑色,粗细为1pt,如图2-24所示。

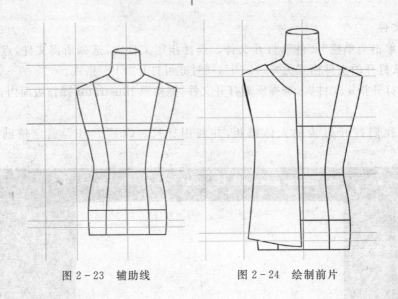

图 2-23　辅助线　　　　　　　图 2-24　绘制前片

　　(3)应用钢笔工具在左前片衣身的基础上绘制左袖,并将颜色设置为 C46,M36,Y64,K47;轮廓描边为黑色,粗细为 0.5pt,如图 2-25 所示。

　　(4)用钢笔工具绘制袖口翻折的部分,并用锚点转换工具("Shift"+"C")调整线条形态,袖口部分的颜色为白色,轮廓线条为黑色,粗细为 0.5pt,如图 2-26 所示。(若需更改颜色,可以在绘图界面的右侧的浮动面板处进行调整)

　　(5)用钢笔工具及转换锚点工具绘制和调整袖部的褶的形态,轮廓描边属性设置为0.25pt,如图 2-27 所示。

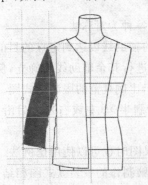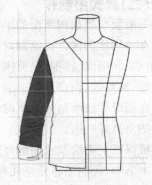

图 2-25　绘制衬衫左袖　　　　图 2-26　绘制左袖翻折部分　　　图 2-27　绘制褶的形态

　　(6)应用钢笔工具及转换锚点工具,根据辅助基础线进行衬衫左半部分翻领的绘制,同时点击吸管工具(I),吸取左袖的颜色及描边属性作为翻领的颜色及描边轮廓属性,如图 2-28所示。

　　(7)应用钢笔工具及转换锚点工具绘制后领领座部分,并双击颜色属性或在浮动面板上进行颜色的调制(C46,M36,Y64,K71),描边属性设置为黑色、0.5pt,如图 2-29 所示。

　　(8)应用钢笔工具及转换锚点工具绘制左半部分的前领翻折部分,并设置颜色,如图2-30所示。

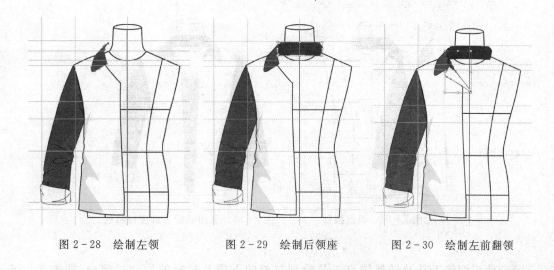

图 2-28 绘制左领　　　　图 2-29 绘制后领座　　　　图 2-30 绘制左前翻领

　　(9)使用移动工具,同时按住"Shift"键,单击选择除后领领座部分的图形,单击右键,出现镜像对话菜单,如图 2-31、2-32 所示。点击"垂直"选项,并单击复制,对所选择的部分进行对称复制,如图 2-33 所示。

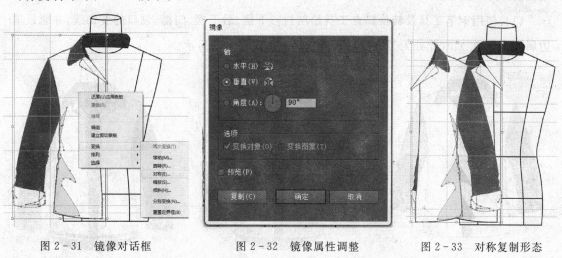

图 2-31 镜像对话框　　　　图 2-32 镜像属性调整　　　　图 2-33 对称复制形态

　　完成复制翻转时,也可使用快捷键"Ctrl"+"C"进行所选图形的复制,再使用"Ctrl"+"F"对该图形进行原地粘贴;之后在选定的图形处单击右键,出现图 2-32 所示的选项菜单,选择所需要的翻转样式后,点击"确定",即可实现复制翻转。

　　(10)选择所复制的图形最顶端的点,使用移动工具对复制的图形进行拖动,当该点与领座的点重合时,移动工具原有的黑色箭头会变成白色,松开鼠标即可,移动轨迹如图 2-34 所示。

　　(11)使用钢笔工具及转换锚点工具进行门襟贴边的绘制,同时点击吸管工具,吸取左袖的颜色及描边属性作为翻领的颜色及描边轮廓属性,如图 2-35 所示。

图 2-34　调整拖动　　　　　图 2-35　利用吸管工具进行填色

　　(12)使用钢笔工具及转换锚点工具绘制衬衫的下摆及衬衫的后领口部分,如图 2-36 所示。

　　(13)点选袖口翻折部分、后领口贴条及下摆部分进行颜色填充(M28,Y100,K23),效果呈现如图 2-37 所示。

　　(14)使用钢笔工具及转换锚点工具绘制衬衫下摆、后下摆、门襟、领口的装饰线,并暂设描边属性为黑色、2pt(此处为了方便后面的选择),如图 2-38 所示。

图 2-36　绘制后领口及下摆　　　图 2-37　对后领口及下摆进行填色　　　图 2-38　绘制装饰线

　　(15)使用魔棒工具(Y),点选刚刚所画的线条,并在右侧的浮动面板上修改线条属性(这里勾选"虚线"选项,同时输入虚线、间隙的值均为 0.85pt,并点选圆头端点 及圆头链接 按钮选项),如图 2-39 所示;效果如图 2-40 所示。

　　(16)使用圆形工具(L)绘制衬衫的纽扣及扣眼,并使用钢笔工具及转换锚点工具绘制衬衫的贴兜,如图 2-41 所示。

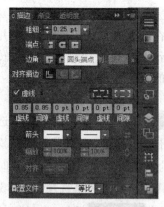

图 2-39　线条属性面板　　　　图 2-40　调整线条属性　　　　图 2-41　绘制贴兜及配件

（17）利用快捷键"Ctrl"+"Alt"+"2"解锁男装模板及辅助线，并点击"Delete"将其删除，此时，就得到了一幅没有辅助线及人体模板的款式效果图，如图 2-42 所示。

（18）使用魔棒工具点击前片衣襟，更改属性栏中颜色填充的属性，并单击显示选项按钮，通过对默认图案的添加，进行前片衣襟图案设置，如图 2-43 所示。

图 2-42　删除辅助线　　　　　　　　　　图 2-43　填充前片图案

（19）完成以上步骤，即可获得图 2-44 所示的最终效果。

图 2-44　最终完成图

2.手绘复刻法

这种方法也是绘制服装款式图时比较常见的方法,即将手绘在纸上的款式图进行扫描,并拖拽至 Illustrator 绘图界面,使用"Ctrl"+"2"将扫描的位图进行锁定,再使用钢笔工具及转换锚点工具在位图上进行复刻,这种方法也可以绘制出较为规范的服装款式图。

3.图像描摹法

重复手绘复刻法中扫描、拖拽的步骤。接下来,单击 图像描摹 按钮,这时所得出的描摹选项为系统默认值,即黑白色,我们无法通过颜色调整来给该款式图进行上色。所以若想调整款式图的颜色,需要在图像描摹时进行设置,即点击图像描摹右侧的"倒三角" 图像描摹 ▼ ,这时会弹出下拉菜单,如图 2-45 所示,我们可以通过所需达到的效果设置图像描摹选项(例如我们选择"线稿图"选项,得到的效果如图 2-46 所示)。描摹后,点击 扩展 按钮,在进行扩展后,即可根据之前所设置的属性,对线条、颜色等进行调整,如图 2-47 所示。

 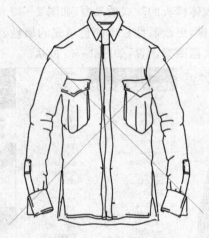 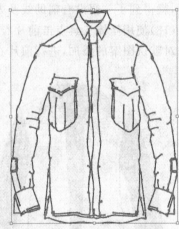

图 2-45 描摹菜单　　　　图 2-46 描摹后效果　　　　图 2-47 扩展后调整相应属性

二、连衣裙

(一)款式确定和基本准备

在衬衫的部分,已经介绍了三种制作服装款式图的方法,在这里,我们只以比例对称法进行连衣裙部分的讲解。连衣裙的最终效果图如图 2-48 所示。

按照上一部分所介绍的方法步骤建立新文件,并打开女装的人体模板,同时建立基础参考辅助线,初步确定领深、袖肥、袖长、肩线、腰线、裙长等位置,如图 2-49 所示。

 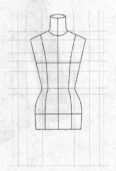

图 2-48 成裙效果　　　　图 2-49 建立参考辅助线

(二)制作过程

(1)使用钢笔工具及转换锚点工具在辅助线的基础上,绘制裙子的衣身造型,其描边属性为黑色、0.5pt,如图 2-50(a)所示。

(2)选定该造型,并在浮动面板处为裙子填色(C50,Y45),如图 2-50(b)所示。

(3)利用快捷键"Ctrl"+"C"、"Ctrl"+"F"对裙子的前片造型进行原地复制粘贴,并将新对象置于后层(Ctrl+[),利用转换锚点工具调整后领的高度,并在浮动面板上进行填色(C20,M15),如图 2-51 所示。

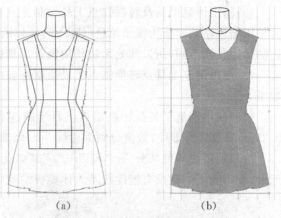

图 2-50 绘制裙身造型并填色

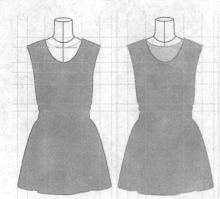

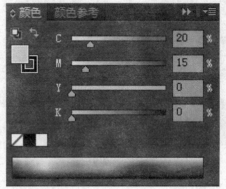

图 2-51 后领窝制作

(4)使用钢笔工具及转换锚点工具绘制连衣裙的左袖造型,并设置描边属性为黑色、0.5pt,如图 2-52 所示。

(5)使用移动工具选定左袖造型,并使用吸管吸取裙身前片的颜色,此时,左袖的颜色及描边属性同裙身前片相同,如图 2-53 所示。

(6)使用钢笔工具及转换锚点工具绘制连衣裙的左袖袖口贴边,描边属性设置为黑色、0.5pt;接着使用颜色浮动面板进行颜色的设定(C8,Y71),如图 2-54 所示。

图 2-52 绘制左袖　　　图 2-53 利用吸管工具填色　　　图 2-54 绘制左袖贴边

（7）使用对称翻转方法，制作连衣裙的右袖，并确定位置（详见衬衫实例）。

（8）使用钢笔工具及转换锚点工具绘制连衣裙的腰带，并设置描边属性为黑色、0.25pt；同时使用颜色浮动面板为腰带填色（C8，Y71），如图 2-55 所示。由于腰带的描边属性与袖口贴边的描边属性不同，所以此处无法使用吸管工具进行腰带处的填色。

（9）使用钢笔工具及转换锚点工具绘制连衣裙的皱褶肌理线，并设置属性为黑色、0.25pt，如图 2-56 所示。

（10）使用钢笔工具及转换锚点工具绘制连衣裙裙摆的装饰明线，设置描边属性为黑色、0.25pt，并设置为虚线，数值分别为虚线 3pt、间隙 3pt，如图 2-57 所示。

（11）利用快捷键"Ctrl"+"Alt"+"2"解锁女装模板及辅助线，并点击"Delete"将其删除，此时，就得到了一幅没有辅助线及人体模板的款式效果图，如图 2-58 所示。

图 2-55　绘制腰带并填色　　图 2-56　绘制皱褶　　图 2-57　绘制明线　　图 2-58　最终效果图

三、夹克

（一）基本设置

参考最终效果图的比例和效果，如图 2-59所示。首先按照上述讲解，建立新文件，并打开男装人体模板，同时建立基础参考辅助线，初步确定领座、翻领、肩线、袖肥、袖窿深、袖长、衣长等位置，并锁定模板及辅助线，如图 2-60 所示。

（二）设计及制作

（1）根据辅助参考线的位置，使用钢笔工具及转换锚点工具绘制夹克的前片造型，并设置描边属性为黑色、1pt；利用颜色浮动面板对绘制好的前片进行填色（K90），如图 2-61 所示。

（2）使用钢笔工具或直线工具（\）绘制夹克前片上的两条肩部装饰线，并设置描边属性为白色、0.25pt，如图 2-62 所示。

图 2-59　最终效果图

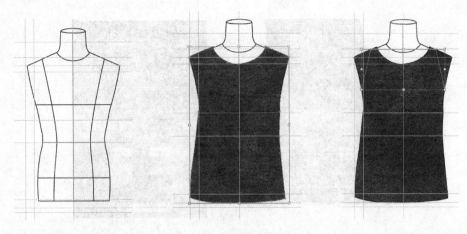

图 2-60　建立参考辅助线　　图 2-61　绘制前片并填色　　图 2-62　绘制肩部装饰线

　　(3)使用钢笔工具及转换锚点工具,根据所设置的辅助线,绘制夹克的左袖,并设描边属性为黑色、1pt,同时利用吸管工具吸取衣身的颜色,对左袖进行着色,如图 2-63 所示。

　　(4)使用钢笔工具及转换锚点工具在衣身和左袖的基础上,绘制肩部的贴缝,设置描边属性为黑色、1pt,同时利用吸管工具吸取衣身的颜色,对肩部贴缝进行填色,如图 2-64 所示。

图 2-63　绘制左袖　　　　　　图 2-64　绘制肩部贴缝

　　(5)使用钢笔工具及转换锚点工具在左袖基础上绘制袖带及装饰明线;打开描边浮板,对明线的相应参数进行调整,如图 2-65 所示。

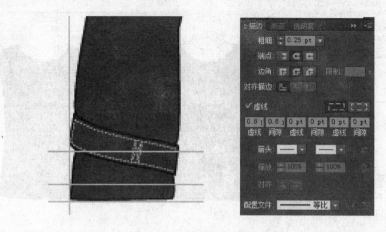

图 2-65　绘制袖带及装饰明线

(6)使用钢笔工具及转换锚点工具在左袖袖带处绘制绊带并设描边属性为黑色、1pt,填充颜色为 K90,如图 2-66 所示。

(7)使用钢笔工具及转换锚点工具绘制搭扣轮廓,并设置描边属性为 1pt。为了使搭扣有金属质感,使用渐变工具(G),并在渐变属性浮板的相应属性中选择线性渐变,假设渐变滑块 2 个为一组,数值分别为:C30,M15,Y15,K0 和 CMYK:0;以这两个数值进行重复设置,达到金属质感的效果,如图 2-67 所示。

图 2-66　绘制绊带　　　　　图 2-67　绘制搭扣并以渐变填充颜色

(8)使用椭圆工具(L),通过原地复制粘贴的方法绘制一组同心圆,并使用快捷键"Ctrl"+"Shift"+"F9"调出路径查找器,使用移动工具"V"+"Shift"点击选择刚才所绘制的同心圆,在路径查找器的形状模式栏中,选择"差集",得到环形图形,然后利用吸管工具为扣眼进行填色,如图 2-68 所示。

(9)使用钢笔工具及转换锚点工具绘制金属搭扣的搭针,并利用吸管工具,对搭针进行填色;使用快捷键"Ctrl"+"Shift"+"]",将搭针置于图像的最上层,如图 2-69 所示。

图2-68　绘制扣眼

图2-69　绘制搭针

（10）使用钢笔工具及转换锚点工具绘制袖带处的褶皱纹理，并设置描边属性为黑色、0.75pt；接着使用快捷键"Ctrl"＋"G"，将绘制好的褶皱纹理线条进行编组，以方便后期的修改，如图2-70所示。

（11）使用移动工具，点击绘图界面的左袖部分，并拖动，对左袖进行框选，使用复制翻转的方法，制作右袖，如图2-71所示。

图2-70　绘制袖部肌理

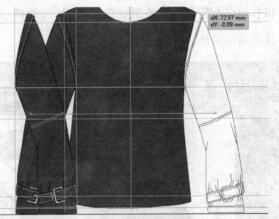

图2-71　制作右袖

（12）使用钢笔工具及转换锚点工具，根据辅助线绘制后领座，并设置描边属性为黑色、1pt，颜色填充为K60，如图2-72所示。

（13）使用钢笔工具及转换锚点工具根据辅助线绘制夹克的左翻领，设置描边属性为黑色、1pt，使用颜色浮板为左翻领填色（K50），并用原地复制粘贴法确定右翻领的位置，接着使用钢笔工具或直线工具绘制领部的褶皱肌理，如图2-73所示。

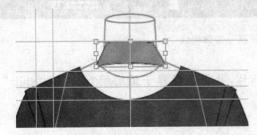

图2-72　绘制后领座

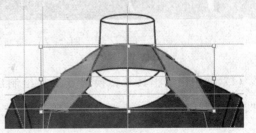

图2-73　制作左、右翻领

（14）使用钢笔工具及转换锚点工具绘制前领翻折部分，并设置描边属性为黑色、1pt，使用颜色浮板进行填色（C30,M35,Y45,K1），如图2-74所示。

（15）使用钢笔工具及转换锚点工具绘制门襟翻折部分，设置描边属性为黑色、1pt，并使用颜色浮板对该图形进行填色(K80),如图 2-75 所示。

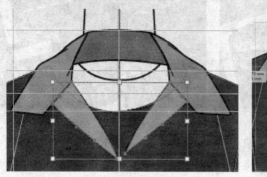 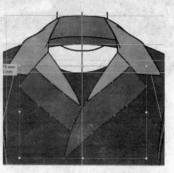

图 2-74　绘制前领翻折部分　　　　图 2-75　绘制门襟翻折部分

(16)根据刚刚绘制的门襟翻折部分,使用钢笔工具及转换锚点工具分别在翻折部分的左侧和右侧以及翻领部分绘制装饰明线,并设置描边属性为白色、0.25pt,使用描边属性浮板设置其余描边属性,如图 2-76 所示。

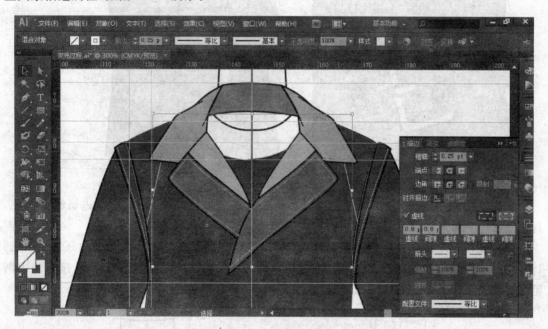

图 2-76　绘制领部分装饰明线

(17)使用钢笔工具及转换锚点工具绘制后片,并将图像置于最后层"Ctrl"+"shift"+"[",使用默认图案填充,如图 2-77 所示。

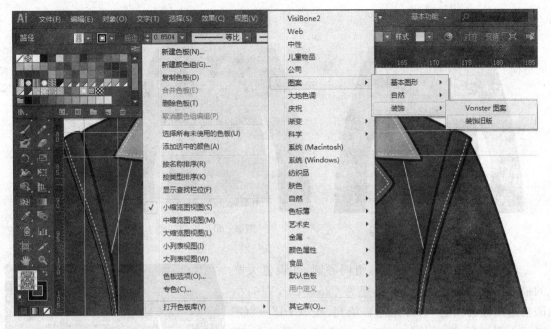

图 2-77 后片制作及图案填充

(18)使用钢笔工具及转换锚点工具绘制后领织带及装饰明线,设置描边属性为黑色、1pt；明线属性为白色、虚线,间隙值为 0.8pt,如图 2-78 所示。

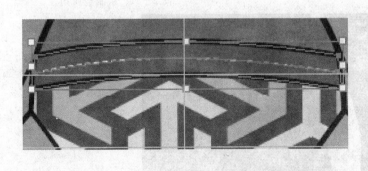

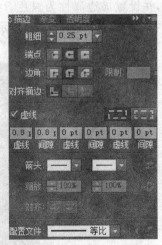

图 2-78 绘制后领织带及装饰明线

(19)使用矩形工具(M)绘制门襟贴边,并设置描边属性为黑色、1pt,如图 2-79 所示。

(20)使用直线工具,在绘制好的门襟贴边内部的两侧分别绘制描边属性为白色、0.25pt 的直线作为贴边的装饰明线,并在描边选项浮板中调整其余的描边选项,如图 2-80 所示。

图2-79　绘制门襟贴边

图2-80　绘制门襟上的装饰明线

　　(21)使用椭圆工具绘制一组同心圆，并设置大圆的描边属性为黑色、0.75pt，颜色为C25，M20，Y10；小圆描边属性为白色、1pt，无色彩填充，按"Ctrl"+"G"对同心圆进行编组；按住"Shift"+"Alt"的同时，向下拖动鼠标，对该组同心圆进行垂直方向的复制，如图2-81所示。

　　(22)使用钢笔工具及转换锚点工具绘制夹克的左兜，并设置描边属性为黑色、1pt，并使用吸管工具，吸取衣身的颜色，如图2-82所示。

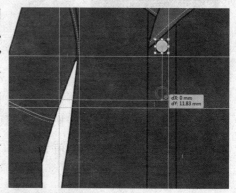
图2-81　绘制金属扣

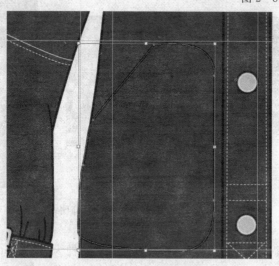
图2-82　绘制左兜

　　(23)使用钢笔工具及转换锚点工具绘制夹克左兜的装饰明线，并设置描边属性为白色、0.25pt，在描边选项中对其他的属性进行更改与调整，如图2-83所示。

　　(24)使用椭圆工具绘制左兜上的铆眼（制作方法见步骤8及步骤21）。

（25）使用原地复制翻转的方法，制作夹克的右兜，如图 2-84 所示。

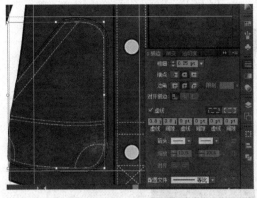

图 2-83　绘制装饰明线

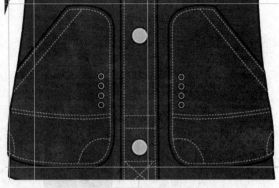

图 2-84　制作右兜

在绘制好成组的图形后，一般我们都会使用"Ctrl"+"G"将图形进行编组，以方便后续的工作。

（26）使用钢笔工具及转换锚点工具绘制夹克底摆的线迹，并设置描边属性为白色、0.25pt，并在描边选项中设置其余的属性选项。

（27）在制作的最后，我们使用快捷键"Ctrl"+"Alt"+"2"将锁定的模板及辅助线进行解锁，并点击"Delete"键，将其删除，得到夹克的最终款式效果图。

四、西服

（一）基本设置

参考图 2-85 所示的最终效果图，首先建立新文件，并打开男装人体模板，同时建立基础参考辅助线，初步确定领、肩线、肩宽、驳领、衣长、袖长、袖肥等位置，并锁定模板及辅助线，如图 2-86 所示。

图 2-85　最终效果图

图 2-86　建立参考辅助线

（二）设计与制作

（1）根据这款西服搭身的方向，在绘制款式图时先使用钢笔工具及转换锚点工具绘制西服的右片，并确定描边属性为黑色、1pt，使用拾色器或颜色浮板进行填色，颜色数值为 C100，K76，如图 2-87 所示。

（2）使用原地复制翻转的方法，制作西服的左片，并移动至一定位置，如图 2-88 所示。

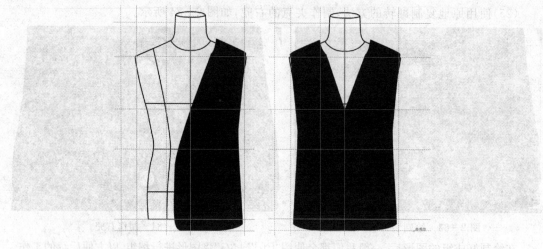

图 2-87 绘制右前片　　　　　图 2-88 绘制左前片

（3）使用钢笔工具及锚点转换工具绘制西服的左袖，并设置描边属性为黑色、1pt，使用拾色器或颜色浮板进行填色，颜色数值为 C100，K76，如图 2-89 所示。

（4）使用原地复制翻转的方法，制作西服的右袖，并移动至一定位置，如图 2-90 所示。

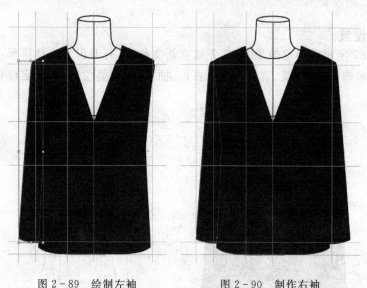

图 2-89 绘制左袖　　　　　图 2-90 制作右袖

（5）使用直线工具和钢笔工具及转换锚点工具分别绘制西服的肩部分割线及腰省，设置描边属性为黑色、0.5pt，如图 2-91 所示。

（6）使用钢笔工具及转换锚点工具在衣身的基础上，绘制西服左右的驳领造型，设置描边属性为黑色、0.75pt，并使用拾色器或颜色浮板进行填色（K60），如图 2-92、图 2-93 所示。

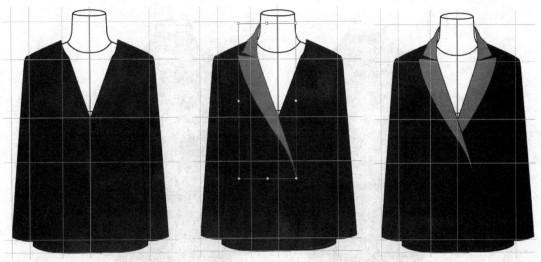

图 2-91　绘制腰省及肩部分割线　　图 2-92　绘制左侧驳领　　图 2-93　绘制右侧驳领

　　(7)使用钢笔工具及转换锚点工具根据辅助线绘制后领口的造型,设置描边属性为黑色、1pt,并使用拾色器或颜色浮板进行填色,颜色数值为 C65,M30,Y25 及 C70,K60,如图 2-94 所示。

　　(8)使用钢笔工具及转换锚点工具绘制衣身后片,并使图像置于最底层,使用拾色器或颜色浮板进行填色,颜色数值为 K70,如图 2-95 所示。

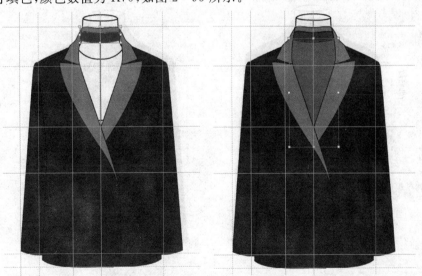

图 2-94　绘制后领并填色　　　　　图 2-95　绘制后片

　　(9)使用钢笔工具及转换锚点工具在衣身的基础上绘制左兜,并设置描边属性为黑色、1pt;接着分别对兜牙和兜盖进行填色,数值分别为:C70,K76;C50,K76,如图 2-96 所示。

　　(10)使用钢笔工具及转换锚点工具在兜盖、领子及底摆绘制明线线迹,设置描边属性为白色、0.25pt,并利用描边选项调整其余设置数值,如图 2-97 所示。

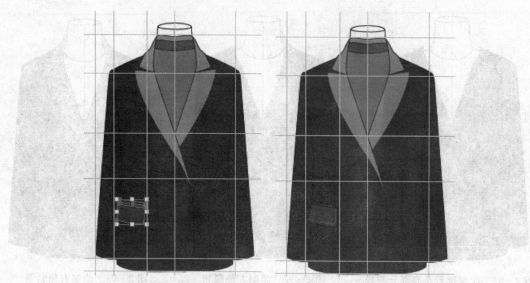

图 2 - 96　绘制左兜　　　　图 2 - 97　绘制西服上的装饰明线

（11）使用原地复制翻转的方法，制作西服的右兜，并将其移动至一定的位置，如图 2 - 98 所示。

（12）使用矩形工具绘制票兜，设置描边属性为黑色、1pt；选定绘制好的票兜，使用吸管工具吸取衣身颜色后呈现的效果如图 2 - 99 所示。

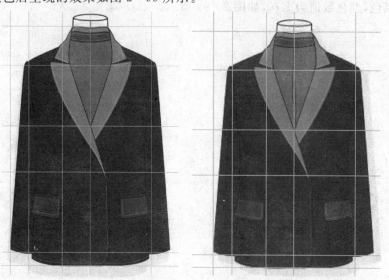

图 2 - 98　制作西服右兜　　　　图 2 - 99　绘制西服票兜

（13）使用椭圆工具绘制同心圆，设置外圆描边属性为黑色、1pt，内圆描边属性为白色、0.5pt；对同心圆进行填色（K51）；在同心圆中绘制 4 个小圆，使 4 个小圆分布呈菱形，其颜色值为 K100（即黑色），如图 2 - 100 所示。

（14）使用直线工具分别连接垂直和水平的 2 个圆点，绘制缝扣线，设置其描边颜色为 C80，M65，Y52，K10，粗细为 2pt，如图 2 - 101 所示。

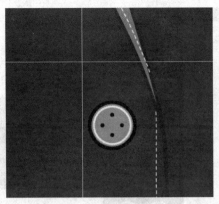

图 2-100 绘制纽扣　　　　　　　　　　图 2-101 绘制缝扣线

(15)将刚刚制作的四眼扣进行群组(Ctrl+G),并使用移动工具点选群组好的四眼扣,按住"Shift"+"Alt"键,水平拖动扣子到一定的位置;使用移动工具点选这两颗四眼扣,仍然按住"Shift"+"Alt"键,向下垂直拖动扣子到一定的位置,这样便完成了 4 颗四眼扣的制作,如图 2-102所示。

(16)复制粘贴刚才制作的一颗四眼扣到任意位置,并用上一步骤的方法垂直移动复制 2 颗扣子;框选 3 颗扣子,此时扣子四周会出现调整点,我们按住"Shift"+"Alt"键拖动鼠标,中心等比缩小扣子至一定大小,接着用移动工具将这 3 颗四眼扣移动至袖口的位置;我们再复制这 3 颗扣子,移动至右袖的位置,如图 2-103 所示。

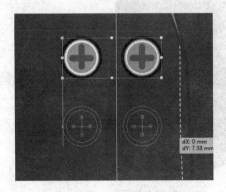

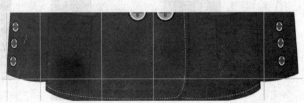

图 2-102 复制纽扣　　　　　　　　　　图 2-103 制作袖上纽扣

在对图形进行大尺度移动时可以使用移动工具,或使用快捷键"Shift"及"←/↑/↓/→"进行以 10 格为单位的移动;若需小尺度微调,可以直接使用"←/↑/↓/→"键进行操作。

(17)使用钢笔工具及转换锚点工具绘制西服侧身的阴影轮廓,设置无描边,填充颜色为 K51;选择菜单栏中的"效果→模糊→高斯模糊",弹出对话框后,调整模糊的半径为 10 像素,点击确定,如图 2-104 所示。

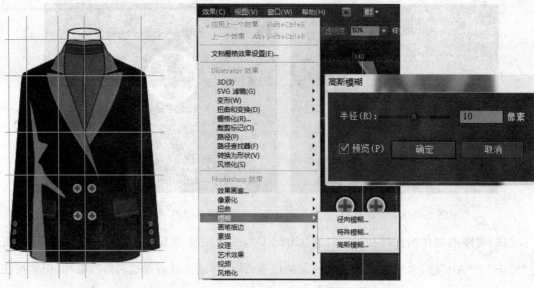

图 2-104 制作西服侧身阴影

（18）使用透明度浮板，将刚制作的阴影部分的透明度调整为 50％，并设置图层属性为"正片叠底"，如图 2-105 所示。

（19）使用复制翻转的方法制作右侧的阴影，如图 2-106 所示。

图 2-105 调整图层属性

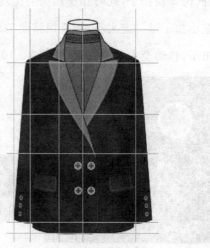

图 2-106 制作右侧阴影

第四节 面料图案设计及制作

面料是服装制作的主料，不同的面料有不同的质感和特点，例如丝比较柔滑，棉比较粗糙，帆布的纹理比较明显等。而对于图案而言，大部分面料都适用。在数字科技比较发达的当代，数码印花也无疑成为了服装界新的宠儿。我们可以利用 Photoshop、Illustrator、CorelDRAW 等软件制作出电子版的印花文件，利用文件输出，直接在面料上进行数码"打印"。

为了做出精美的图案，本节将着重介绍如何使用 Illustrator 软件进行面料图案制作。

一、针织面料及图案设计

通过观察,针织面料的层次明显,特别是手工针织面料,线迹明显,形成一种独特的肌理及美感,如图 2-107 所示。我们可以利用 Illustrator 软件制作出针织质感的面料,如图 2-108 所示。

图 2-107 针织面料肌理　　图 2-108 针织面料

(一)基本形制作

(1)新建文件,将文件设置为 A4 尺寸、横向。

(2)使用钢笔工具及转换锚点工具绘制针织面料中的单位针,设置无描边,颜色填充为 C37,Y11,如图 2-109 所示。

(3)使用原地复制翻转的方法进行右侧单位针的制作,如图 2-110 所示。

(4)使用移动工具将右侧的单位针移动至一定位置,形成针织面料的一个单位,如图 2-111 所示。

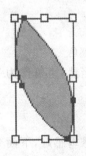 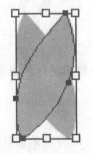 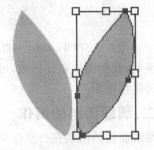

图 2-109　绘制单位针　　　图 2-110　绘制右侧单位针　　　图 2-111　调整单位针构成图形

(二)效果制作

(1)为了使面料肌理更明显地被呈现出来,我们使用矩形工具建立一个背景,无描边属性,设置颜色为 C16,Y4,并将其置于最下层,且用"Ctrl"+"2"进行锁定。

(2)按住"Shift"+"Alt"键,垂直拖动该单位到一定的位置,如图 2-112 所示,我们将该单位复制粘贴 10 组,并间隔 2 组进行白色填充,如图 2-113 所示。

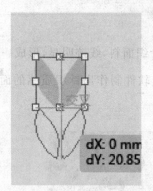

图 2-112　对单位针进行复制并调整位置　　图 2-113　填充单位肌理的颜色

（3）将刚刚制成的 10 组单位针进行群组，并按住"Shift"键点击鼠标向右进行拖动，将这个动作重复进行 8 次，如图 2-114 所示。

（4）根据需要对不同位置的针织单位进行颜色替换，替换位置的不同，会产生不同的花色效果，这里挑选一些单位替换成枚红色（C2，M89，Y45），再挑选一些单位将原有的蓝色替换成白色，白色替换成蓝色（C37，Y11），如图 2-115 所示。

图 2-114　单位针群组化　　　　　图 2-115　调整个别针的颜色

至此，针织面料制作完成，可以将这种肌理使用到针织服装的设计中，当然，也可作为一种面料的拼接使用。

二、绸缎面料的制作

绸缎面料的服装在日常生活中较为常见，它的特点是柔软、有光泽感、悬垂感好，下面介绍如何制作绸缎面料。

（一）基本设置

（1）新建文件，设置纸张大小为 A4，方向为横向，并使用矩形工具绘制边长为 135mm×180mm 的矩形，设置无描边，颜色为黑色，并以水平方向设置平分的辅助线，如图 2-116 所示。

（2）锁定辅助线，并使用网格工具（U）在刚添加辅助线的位置点击，会得到如图 2-117 所示的效果。

图2-116　新建文件,绘制背景　　　图2-117　建立参考线

(二)效果制作

(1)使用直接选择工具点选刚刚用网格工具添加的锚点,可以通过对锚点的颜色修改,更改整个图形的效果,如图2-118所示。

(2)按住"Shift"键并使用直接选择工具点选预计高光的位置,通过拾色器或颜色浮板对这些锚点进行颜色的修改,设置添加的颜色值为 C77,M77,Y75,K53,如图2-119所示。

 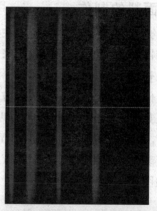

图2-118　添加锚点,调整颜色　　　图2-119　新添锚点,调整颜色

(3)解锁辅助线,并将其删除,按住"Shift"并使用直接选择工具点选高光右侧的几个点,进行颜色修改(C82,M78,Y76,K59),如图2-120所示。

(4)根据得出的效果,可以继续使用网格工具在水平线上添加锚点,并在一定的位置进行颜色的修改和调整,得到最好的效果如图2-121所示。

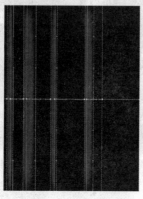 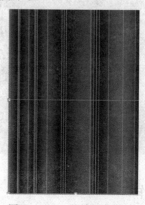

图2-120　绘制进阶色彩　　　图2-121　继续添加锚点

(5)使用复制翻转的方法,将刚刚制作好的图形进行复制翻转,得到如图 2-122 所示的效果。

图 2-122 最终效果

三、纱质面料的制作

纱质面料的特点是轻薄、透明,所以在制作纱质面料时需要注意到面料的透光性,这样才能突出纱质面料轻柔的感觉。下面我们来逐步讲解纱质面料的制作。

(一)基本设置

(1)新建文件,设置纸张大小为 A4,方向为横向,如图 2-123 所示。

(2)为了更好地体现纱质面料的透明质感,使用矩形工具先在文件中建立 100mm × 100mm 的背景,并填充颜色 C100,M70,Y70,K40,设置无描边;再在这个背景上制作另外三个颜色的色块(颜色分别为:C35,M100,Y35,K10;M80,Y95;C70,M15),使这个背景形成田字格的形态,如图 2-124 所示。

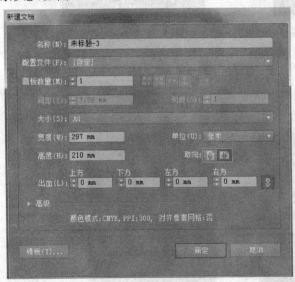

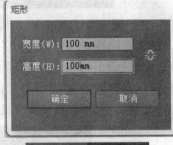

图 2-123 新建文件　　　　　　　图 2-124 制作背景色块

(二)效果制作

(1)在绘图界面的空白处使用钢笔工具及转换锚点工具绘制任意造型,设置颜色为 C21,

M26，Y78，此处无描边，如图 2-125 所示。

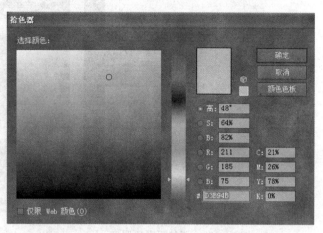

图 2-125　绘制任意造型

（2）选定刚刚制作的图形，使用透明度面板将该图形的透明度调整成 30％，如图 2-126 所示。

（3）使用钢笔工具及转换锚点工具绘制面料的阴影部分，设置无描边，并对绘制的图形进行填色（C36，M37，Y86）；选择菜单栏中的"效果→模糊→高斯模糊"（做法详见西服步骤 17），如图 2-127 所示。

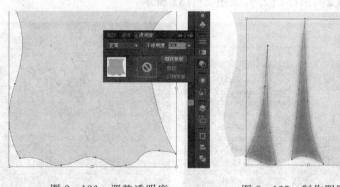

图 2-126　调整透明度　　　图 2-127　制作阴影部分

（4）使用透明度面板对绘制的阴影部分进行调整，数值设置为 30％，混合选项设为"正片叠底"，如图 2-128 所示。

（5）将制作好的面料雏形进行群组，并移动至最初做好的背景上，如图 2-129 所示。由于最初我们设置了 4 种颜色，通过最终效果可以看出，纱质面料在不同的颜色上反映出的颜色略有不同，这也充分地体现了纱质面料良好的透光性。

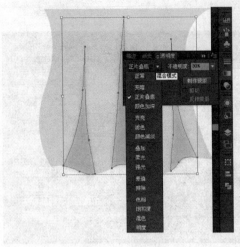
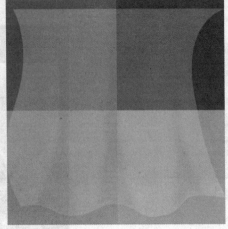

图 2 - 128 调整阴影透明度   图 2 - 129 最终效果

四、图案的制作

(一)基本设置

(1)新建大小为 A4 的文件,方向设置为横向,并在绘图界面制作大小为 150mm×150mm 大小的背景,设置无描边,并填充颜色(C46,M51,Y70),如图 2 - 130 所示。

(2)使用钢笔工具及转换锚点工具绘制图案的基础造型,设置无描边,并使用拾色器或颜色浮板进行颜色填充(C20,M15,Y25),如图 2 - 131 所示。

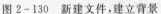

图 2 - 130 新建文件,建立背景   图 2 - 131 绘制图案基本造型

(3)使用复制翻转的方法,制作图案的右上部分,如图 2 - 132 所示。

(4)重复步骤 3,制作图案的下半部分,如图 2 - 133 所示。

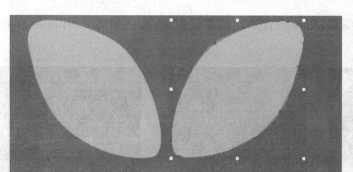

图 2-132　制作单位图案上半部分　　　　　图 2-133　制作单位图案

(二)效果制作

(1)点选或框选 4 个单位图形,利用快捷键"Ctrl"+"G"将其进行编组,并按住"Shift"+"Alt"键拖动鼠标,将图形进行等比缩放,如图 2-134 所示。

(2)我们设刚制作的图案为一个单位,将这个图案进行水平移动复制(Shift+Alt+鼠标拖动),如图 2-135 所示。

(3)框选刚刚复制好的图案组,按"Ctrl"+"G"进行编组,使用对齐面板(Shift+F7),点击垂直居中对齐按钮 ▯,将图案组以水平中线进行对齐后,点击水平居中分部按钮 ▮,得到如图 2-136 所示的效果。

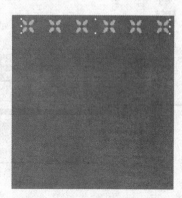

图 2-134　单位图案编组　　　图 2-135　制作单位图案组　　　图 2-136　调整单位图案间距及位置

(4)对这组图案进行复制移动,得到如图 2-137 所示的效果。

(5)框选除背景外的图案,点击垂直居中分部按钮 ▤,使图案组在垂直方向平均分部;接着点击水平垂直对齐按钮 ▥,得到如图 2-138 所示的效果。

（6）双击编组的图案进入该编组，删掉在背景外的单位图案，得到如图 2－139 所示的效果。

图 2－137　复制图案组并移动　　　图 2－138　调整图案组间距　　　图 2－139　最终效果

（7）选择菜单栏中的"文件→导出"，弹出导出选项框，选择"JPG"格式的文件，点击确定后弹出 JPEG 选项对话框，选择相应的数值，将图案导出，以备后用，如图 2－140、图 2－141所示。

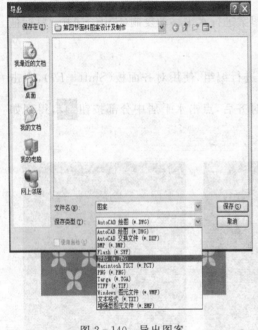 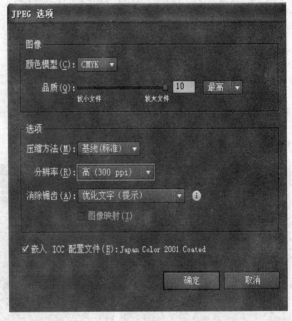

图 2－140　导出图案　　　　　　　　　图 2－141　导出图案选项

五、格子面料的制作

相对其他图案来说，格子布纹样是较容易的一种图案，在使用 Illustrator 制作时也相对比较简单，特别是平纹的格子布，但在制作布料肌理时，我们能用到 Photoshop 软件来辅助进行制作。这里先介绍在使用 Illustrator 制作平纹格子布时所涉及的步骤及相关知识点。

（一）基本设置

新建大小为 A4 的文件，方向设置为横向，并在绘图界面制作大小为 100mm×100mm 的背景,设置无描边,填充颜色(M35,Y85),如图2-142所示。

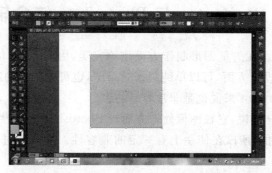

图2-142　新建文件,绘制背景

(二)效果制作

(1)使用快捷键"Ctrl"+"C"、"Ctrl"+"F"对该图形进行原地复制粘贴,接着调整新图形至一定高度,并对其进行填色(C35,M60,Y80,K25),如图2-143所示。

图2-143　制作单位图形

(2)重复步骤1,原地复制粘贴新制成的图形,并按一定位置进行排列,如图2-144所示。

(3)按照上述步骤,将纵向的条文进行排列,如图2-145所示。

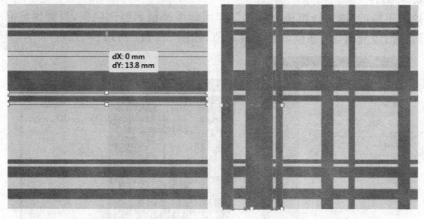

图2-144　制作其余图形　　　　图2-145　制作竖向条纹

(4)选择菜单栏中的"文件→导出",弹出导出选项框,选择"JPG"格式的文件,点击确定后弹出JPEG选项对话框,选择相应的数值,将图案导出,以备后用。

第五节　Illustrator 与 Photoshop 结合辅助设计

众所周知,Illustrator 在矢量图形制作方面堪称完美,因此,可以使用该软件进行一些平面图形的制作。在服装设计方面,可以单纯制作效果图,也可以单纯的制作款式图,当然,将两者结合在一起对于 Illustrator 来说也是非常容易的事。

然而对于 Illustrator 来说,它在图像处理方面较 Photoshop 逊色些,但是由于这两款软件都是由 Adobe 公司出品的,所以在使用上有一定的兼容性。本节通过一些例子,来讲解这两款软件的联系。

一、Illustrator & Photoshop 合作制图

(一)文件在 Photoshop 中打开

由于两个软件的兼容性,以及我们前面制作的例子导出存储时将文件存储格式为 JPEG,所以,在这里,我们可以将文件很方便地直接在 Photoshop 中打开。

打开我们在上节中所制作的图案,文件格式"××.jpg",并复制背景层,如图 2-146 所示。

图 2-146　复制背景层

(二)效果制作

(1)选择菜单栏的"滤镜→渲染→纤维",弹出纤维滤镜调整选项框,根据预览框中的效果,对参数进行设置:差异值 10、强度调整为最大值,如图 2-147 所示。

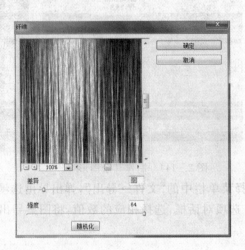

图 2-147　选取滤镜

(2)通过图层选项面板将该图层的混合选项设置为"叠加",不透明度为 30％、填充为 50％,如图 2-148 所示。

(3)将做好的文件储存为"PSD"格式,以备后用,如图 2-149 所示。

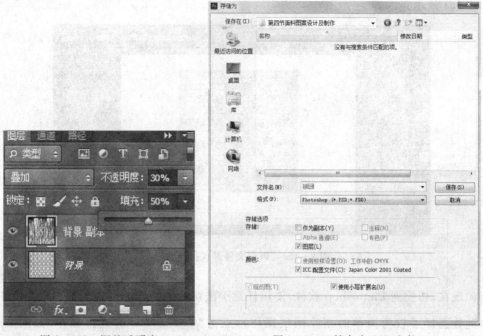

图 2-148 调整透明度　　　　图 2-149 储存为 PSD 文件

(4)打开 Illustrator 软件,新建大小为 A4 的文件,横向,将刚刚保存的"图案.psd"拖入绘图界面,如图 2-150 所示。注意,在打开 Illustrator 进行操作的时候,切勿关闭 Photoshop 软件。

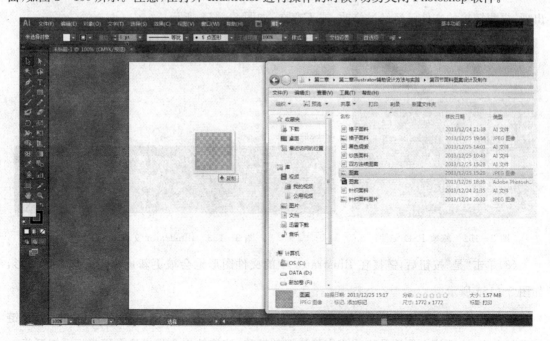

图 2-150 拖入图案的 PSD 文件

(5)文件被 Illustrator 打开时,可以看到属性栏显示了拖入文件的相关信息:链接文件,属性栏中还有几个按钮 嵌入 、 编辑原稿 、 图像描摹 ▼ 、 蒙版 ,此时不要点选任何按钮,如图 2-151 所示。

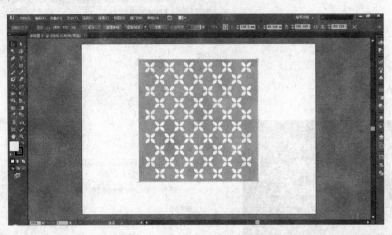

图 2-151 以原文件形式打开文件

(6)现在,切换到 Photoshop 软件,使用任意手法对刚刚制作的格式为"PSD"的文件进行修改(此处选择了较为简单的删除图层操作),点击"Ctrl"+"S"键进行保存,如图 2-152 所示。

(7)切换至 Illustrator 软件,由于刚刚修改了该软件中链接的文件,此时会有警告提示框出现,提醒链接的文件已经经过修改,或不存在,如图 2-153 所示。

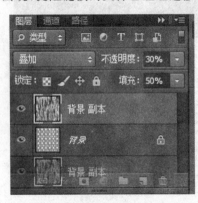

图 2-152 修改 PSD 文件   图 2-153 Illustrator 文件示警

(8)单击"是"按钮后,链接在 Illustrator 中的文件图形也会被更新成为最新保存的图形,如图 2-154 所示。

(9)若仍想对文件进行修改,可以继续重复步骤 6—8。Illustrator 在制图过程中,如果链接了某个文件,而该文件涉及修改或文件位置的转移,该软件均会弹出这个警告提示对话框。

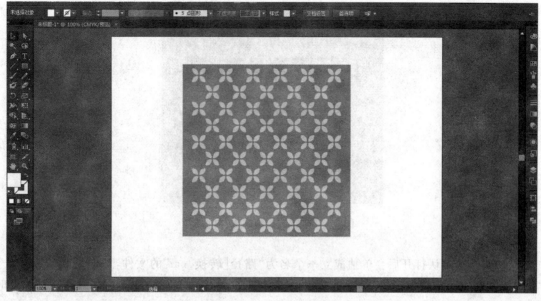

图 2-154　新图形展示

二、Photoshop 到 Illustrator 导出制图

(一)基本设置

(1)新建大小为 A4、颜色模式为 CMYK 的文件,新建路径,使用钢笔工具绘制任意图形,选择"文件→导出→路径到 Illustrator"后,弹出"导出到路径文件"的对话框,按默认设置选择,点击"确定",将文件保存为"ai"格式即可,如图 2-155 所示。

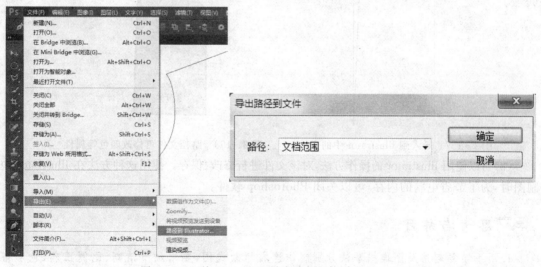

图 2-155　从 Photoshop 导出路径文件到 Illustrator

(2)找到刚刚储存该文件的文件夹,将文件拖入至 Illustrator 后,即会弹出"转换为画板"对话框,使用默认选项,点击"确定"按钮,如图 2-156 所示。

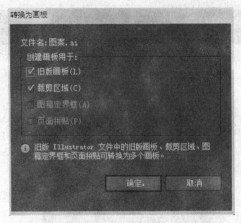

图 2-156 "转换为画板"对话框

(二)转换

(1)文件被确认打开后会单独成立一个名为"路径[转换].ai"的文件,可以复制("Ctrl"+"C")该文件中已经转换好的文件路径到刚刚新建的文件中,使用"Ctrl"+"V"键进行粘贴,如图 2-157 所示。

(2)在这个新建的文件中,可以对该路径的各种属性进行修改,包括颜色、描边、大小,甚至是形状,如图 2-158 所示。

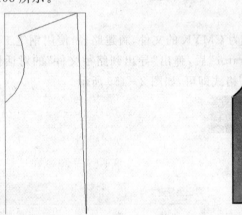

图 2-157 导入到 Illustrator 中的文件   图 2-158 路径文件可修改颜色等属性

(3)可以使用 Illustrator 的操作方法,对该文件进行修改、保存。使用这种方法在 Illustrator 中制图时,为了节省电脑的内存,可以关闭 Photoshop 软件。

思考与练习

1.用手绘复刻法及图像描摹法分别制作连衣裙款式图,要求细节清晰、比例正确、色彩搭配协调。

2.制作女款夹克款式图。注意比例正确,款式细节清晰和色彩搭配的协调。

3.应用 Illustrator 菜单栏"效果"中的滤镜制作不同风格的服装效果,注意观察各种不同效果的区别。

4.应用实例中介绍的手法,制作一款针织面料服装,注意针织肌理的变化与款式的匹配。

第三章 Painter 辅助设计方法与实践

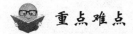 **学习目标**

学习 Painter 完成效果图的辅助设计方法

重点难点

不同工具的应用

第一节 软件界面及辅助设计范围

一、概述

使用计算机进行服装设计效果图绘制,常见的有两种绘制方式:①在纸上绘制出设计草图或设计半成稿,然后通过计算机外接设备(如扫描仪、数码相机等)输入计算机,然后使用设计软件创作绘制或加工处理。这种方式由于基本的设计构思还是在纸上完成的,在设计软件中只需用到一部分功能即可完成设计效果图,所以对使用者的软件掌握程度要求不高。②不事先纸上绘制,而是直接使用设计软件绘制服装设计效果图。这种方式需要使用者对设计软件掌握程度比较高。使用这种方式绘制设计效果图可以直接使用鼠标、轨迹球等传统操作设备,也可以使用较先进的数位板来绘制,而更先进的有液晶数位屏。

数位板是一种电脑外设,通常是由一块板子和一支笔组成,就像画家的画板和画笔,利用电磁感应的方式,配合压感笔进行工作。数位板作为一种输入工具,会成为鼠标和键盘等输入工具的有益补充,其应用也会越来越普及。如图 3-1 所示为业界著名的日本 WACOM 公司的数位板。

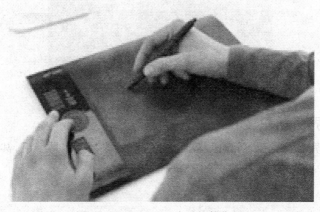

图 3-1 WACOM 公司的数位板

液晶数位屏也是一种电脑外设,是专为艺术家或设计师开发的新型电脑外设。其外形与普通液晶显示器相似,但可以在屏幕上直接使用压感笔绘画作图。液晶数位屏较之数位板更为先进,适合设计条件优越的设计公司或设计师。图 3-2 为日本 WACOM 公司的液晶数位屏。

图 3-2 WACOM 公司的数位屏

业内在计算机上进行服装设计效果图绘制的位图式主流设计绘图软件,除了众所周知的 Adobe Photoshop 之外,Painter 是数码绘画效果表现最好的选择。Painter,意为"画家",目前为加拿大著名的图形图像类软件开发公司——Corel 公司版权所属开发。与 Photoshop 相似,Painter 也是基于栅格图像处理的图形处理软件。相对于 Photoshop 强大的图像处理功能而言,Painter 更侧重于对自然绘画工具的模拟仿真,是一款极其优秀的仿自然绘画软件,拥有全面和逼真的仿自然画笔。它是专门针对追求自由创意及需要数码工具来仿真传统绘画的数码艺术家、各类时尚动漫插画画家及设计师等而开发的。它能通过数码手段模拟自然媒质(natural media)效果,在同类设计软件中处于领先水平,获得艺术绘画及设计业界的一致推崇。如图 3-3 所示为 Painter 12 版本。

图 3-3 Corel 公司的 Painter 12 版本欢迎界面

二、Painter 界面初识

与 Photoshop 界面相类似,Painter 界面友好,让初学者很容易上手,甚至很多快捷键都和 Photoshop 一致。Painter12 工作界面如图 3-4 所示。

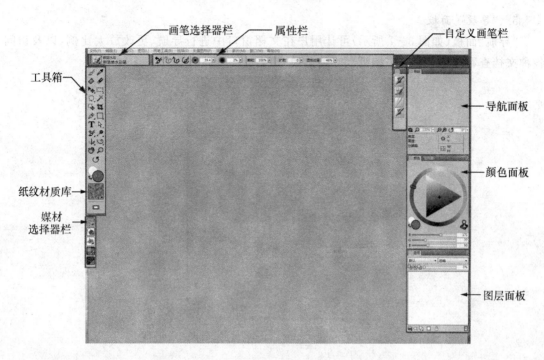

图 3-4　Corel 公司的 Painter 12 工作界面

1.菜单栏

菜单栏可让用户使用下拉菜单选项访问工具和功能。

2."画笔选择器"栏

"画笔选择器"栏(如图 3-5 所示)可让用户打开"画笔库"面板来选择画笔类别和变体。此外,它还可以让用户打开和管理画笔库。

图 3-5　Painter 12 的"画笔选择器"栏

3.属性栏

属性栏(如图 3-6 所示)显示与活动工具或对象有关的命令。例如,当"填充"工具处于活动状态时,填充属性栏将显示填充选定区域的命令。

图 3-6　Painter 12 的属性栏

4.最近使用的画笔栏

此栏显示最近使用的画笔。

5. "导航" 面板

"导航"面板（如图 3－7 所示）可让用户在文档窗口中进行导航、更改放大比例，以及访问各种文档查看选项，例如"描图纸"和"绘画模式"。

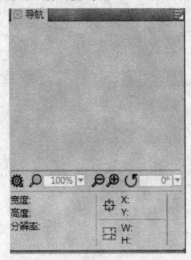

图 3－7　Painter 12 的"导航"面板

6. "图层" 面板

"图层"面板（如图 3－8 所示）可让用户管理图层的阶层，其中包括用于创建、选择、隐藏、锁定、删除、命名和分组图层的控制项。

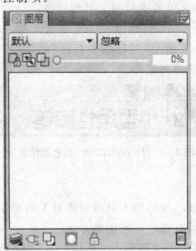

图 3－8　Painter 12 的"图层"面板

7. "通道" 面板

"通道"面板可让用户管理通道，其中包括用于创建、隐藏、反转、删除、加载和保存通道的控制项。

8. "混色器垫" 面板

"混色器垫"面板可让用户混合颜色以创建新的颜色。

9. "纸纹"面板

"纸纹"面板可让用户创建、修改和应用纸纹。

10. "纸纹材质库"面板

"纸纹材质库"面板可让用户访问纸纹材质库,以便将它们应用到画布上。此外,用户还可以管理和组织纸纹材质库。

11. 工具箱

工具箱(如图3-9所示)可让用户访问用于创建、填充和修改图像的工具。

图3-9　Painter 12的工具箱

12. "媒材选择器"栏

"媒材选择器"栏可让用户快速访问以下媒材材质库面板:图案、渐变、喷嘴、织物和外观。

13. "画笔库"面板

"画笔库"面板(如图3-10所示)可让用户从当前选定的画笔库中选择画笔。此外,它还可以让用户通过各种方式组织和显示画笔。

14. 颜色面板

颜色面板(如图3-11所示)可让用户选择颜色。

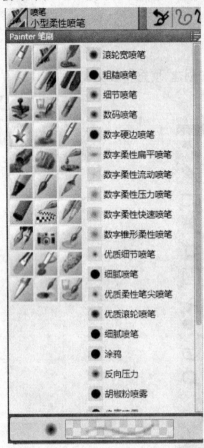

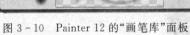

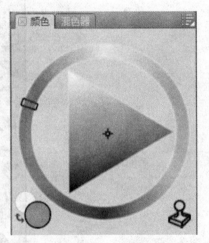

图3-10　Painter 12的"画笔库"面板　　　图3-11　Painter 12的颜色面板

15. 画布

画布是绘图窗口内部的矩形工作区,其大小决定了用户创建的图像的大小。画布是图像的背景,但它与图层不同的是,画布始终是锁定的。

第二节　工具使用实例

Painter的各类模拟自然绘画的笔刷工具非常丰富,但分门别类井然有序,做到了多而不乱。发展到Painter12的版本,笔刷已经分成了30个大类,每一类又有少则几种,多则几十种的同类变体,相加之下,Painter为各个不同行业、不同需求、不同类型的用户群提供了400多种的内置笔刷,使大部分用户略微调试下甚至直接就可以上手创作。同时,Painter还提供了非常详细的设置,用以满足追求极致表现的数字艺术家的表现需求。如图3-12、3-13所示为Painter的笔刷类型及每类典型笔刷。

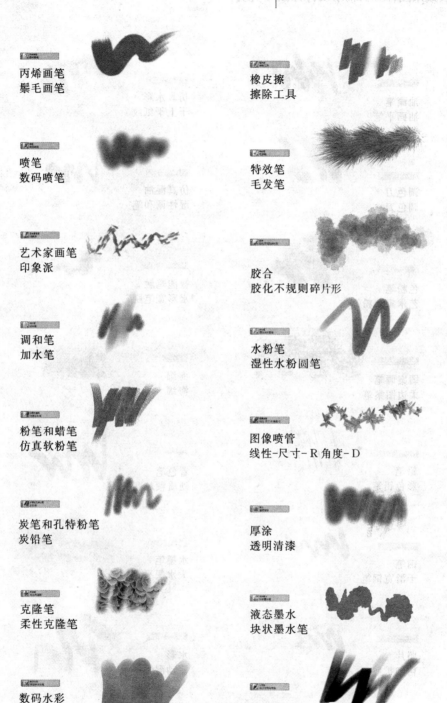

丙烯画笔
鬃毛画笔

橡皮擦
擦除工具

喷笔
数码喷笔

特效笔
毛发笔

艺术家画笔
印象派

胶合
胶化不规则碎片形

调和笔
加水笔

水粉笔
湿性水粉圆笔

粉笔和蜡笔
仿真软粉笔

图像喷管
线性-尺寸-R 角度-D

炭笔和孔特粉笔
炭铅笔

厚涂
透明清漆

克隆笔
柔性克隆笔

液态墨水
块状墨水笔

数码水彩
新简单水彩笔

马克笔
设计专用马克笔

图 3-12 Painter 的笔刷类型及每类典型笔刷(一)

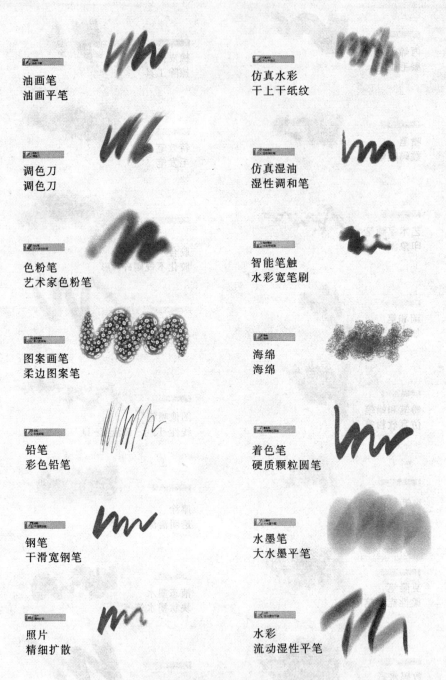

油画笔
油画平笔

仿真水彩
干上干纸纹

调色刀
调色刀

仿真湿油
湿性调和笔

色粉笔
艺术家色粉笔

智能笔触
水彩宽笔刷

图案画笔
柔边图案笔

海绵
海绵

铅笔
彩色铅笔

着色笔
硬质颗粒圆笔

钢笔
干滑宽钢笔

水墨笔
大水墨平笔

照片
精细扩散

水彩
流动湿性平笔

图 3-13　Painter 的笔刷类型及每类典型笔刷(二)

　　此外,Painter 针对不同的材质表现效果提供了不同的纸质类型。如图 3-14 所示为其中6 种典型纸纹。

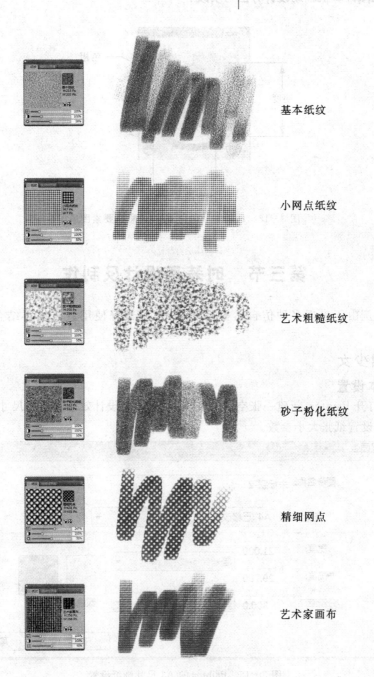

基本纸纹

小网点纸纹

艺术粗糙纸纹

砂子粉化纸纹

精细网点

艺术家画布

图 3-14　Painter 的典型纸纹

　　值得一提的是,Painter 提供的调色系统非常符合从事美术设计类的专业人士绘画调色习惯,基本按照色立体原理设计构建的,极大方便了创作过程。如图 3-15 所示为颜色面板图解。

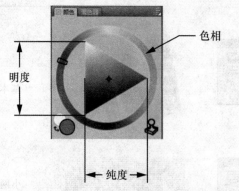

图 3-15　Painter 的颜色面板色彩三要素图解

第三节　时装画设计及制作

本节中案例由于表现多种仿自然拟真笔刷,建议最好使用数位板再结合 Painter 进行学习。

一、长裙少女

(一)基本设置

(1)首先打开 Painter,新建一张空白的画纸,一般服装设计效果图常见尺寸为 A4、A3。如图 3-16 所示设置纸张大小参数。

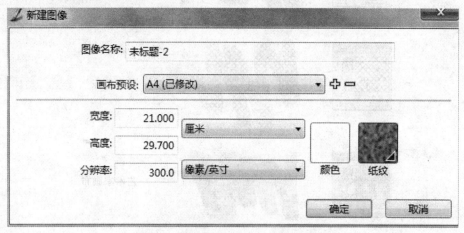

图 3-16　Painter 的 A4 尺寸画纸设置

(2)先进行人体动态绘制,这里没有选用铅笔绘制,而是使用喷笔中的数码喷笔起稿,这是因为铅笔表现的线条带有细微的颗粒状锯齿,而大部分时装画的线条都需要尽量简洁流畅。将数码喷笔设置为 3~5pt,透明度为 50~70,这样表现出来的线条不仅没有锯齿,而且流畅优美,如图 3-17 所示。

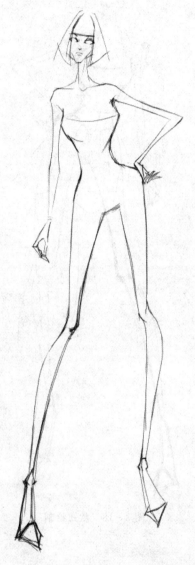

图 3-17 数码喷笔设置及人体动态草图

(二)细节绘制

(1)在人体上进行服装的设计绘制,并进行细节调整。这也是典型的设计表现流程,可以很好地把握着衣效果,如图 3-18 所示。

图 3 - 18　款式绘制

　(2)基本确定设计款式后修正设计草图上的线条,并进行款式细节调整,如图 3 - 19 所示。

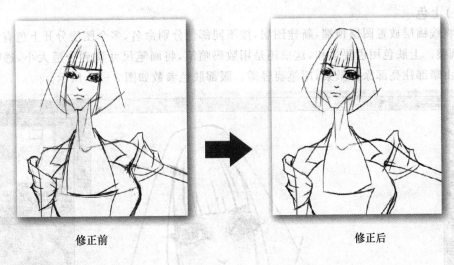

修正前　　　　　　　　　　　　　　修正后

图 3 - 19　修正设计图上的线条和细节

(3)将线稿中衣服与人体重叠部分使用橡皮擦工具小心擦除,仔细检查线稿部分是否有遗漏,如图 3 - 20 所示为整理完成的线稿。

图 3 - 20　整理完成的线稿

(三)上色

(1)将线稿层放置图层顶端，新建图层，按不同部位分别命名，多个图层分开上色有利于将来修改调整。上肤色用色要柔和，这里还是用数码喷笔，将画笔尺寸调到合适大小，透明度调低，慢慢由暗部往亮部涂抹晕染，用笔要轻柔。眼部肤色参数如图 3-21 所示。

图 3-21 眼部晕染效果

(2)眼睛瞳孔色彩的绘制非常重要，一般留出高光形状或者后面点出来，瞳孔色彩自上而下，由深变浅，色彩可依据个人喜好选择，如图 3-22 所示。

图 3-22 眼睛瞳孔色彩绘制效果

　　（3）身体其他部位肤色调法相类似，将基本肤色加深按人体结构进行暗部结构绘制，如图
3－23 所示。

图 3－23　身体暗部结构绘制效果

　　（4）服装部分表现质感需要依据人体转折形成的自然褶皱进行表现，调出基本色调，运用
数码喷笔细腻的晕染效果层层过渡，笔刷和色彩具体参数如图 3－24 所示。

图 3－24　服装质感绘制效果

(5)头发部分表现按发型块面先铺出大色调,然后调小笔刷进行刻画,保持发型的层次。这里铺色调和刻画还是用数码喷笔,笔触之间的层次过渡运用调和笔中的柔性调和棒形笔,高光部分可用橡皮擦工具擦出。笔刷和色彩具体参数如图 3-25 所示。

图 3-25 头发质感绘制效果

(6)靴子部分表现按靴子造型同样先铺出大色调,然后调小笔刷进行刻画。留出高光,同时擦出暗部反光。笔刷和色彩具体参数与头发绘制参数类似,如图 3-26 所示。

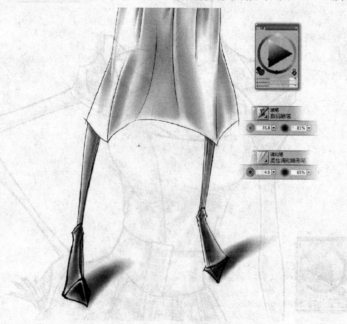

图 3-26 靴子表现

（7）检查修正全图，对最后的细节进行刻画，如添加手镯等配饰，并绘制人体足部投影，体现立体感，最终效果如图 3－27 所示。

图 3－27　最终完成效果图

二、时尚白领

（一）基本设置

（1）首先打开 Painter，新建一张空白的画纸，设置为 A4 尺寸。如图 3－28 所示设置纸张大小参数。

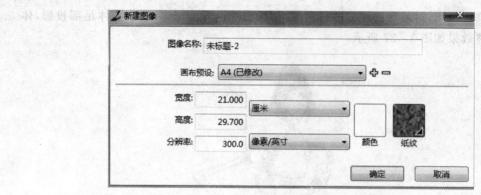

图 3-28　Painter 的 A4 尺寸画纸设置

　　(2)先进行人体动态绘制,还是使用喷笔中的数码喷笔起稿,将数码喷笔设置为 3~5pt,透明度为 50~70,如图 3-29 所示。

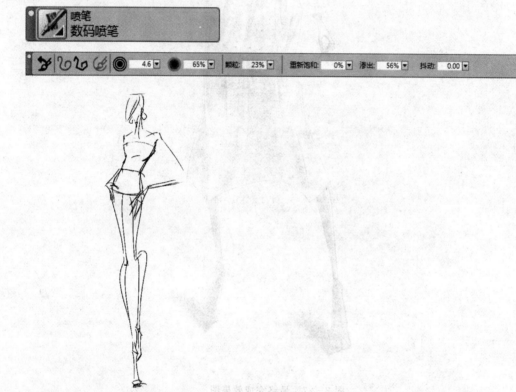

图 3-29　数码喷笔设置及人体动态草图

(二)细节绘制

　　(1)在人体上进行服装的设计绘制,并进行细节调整,把握好人体着衣后的动态效果,如图 3-30 所示。

图 3-30 职业装款式绘制

(2)基本确定设计款式后修正设计草图上的线条,并进行细节调整,耳环先绘制出一边,另一边的耳环可以右击图层复制过去,然后将线稿中耳环与人体重叠部分使用橡皮擦工具小心擦除,如图 3-31 所示。

图 3-31 耳环饰品图层的复制及修正

（3）进行款式其他细节调整，同样将线稿中衣服与人体重叠部分使用橡皮擦工具擦除，如图 3-32 所示为整理完成的线稿。

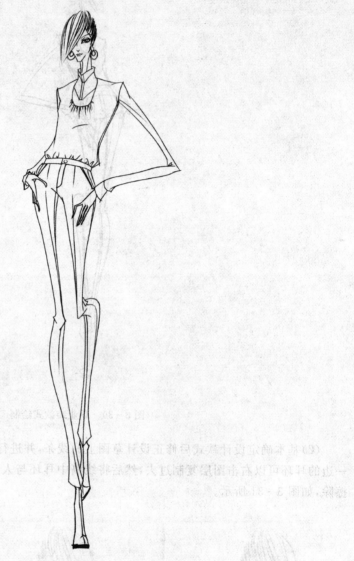

图 3-32　整理完成的线稿

（三）上色

（1）将线稿层放置图层顶端，新建图层，按不同部位分别命名，多个图层分开上色有利于将来修改调整。这个案例准备用"数码水彩"中的"简单水彩笔"表现淡彩效果。所以上色之前先进行用色调以及笔触的测试，参数如图 3-33 所示。

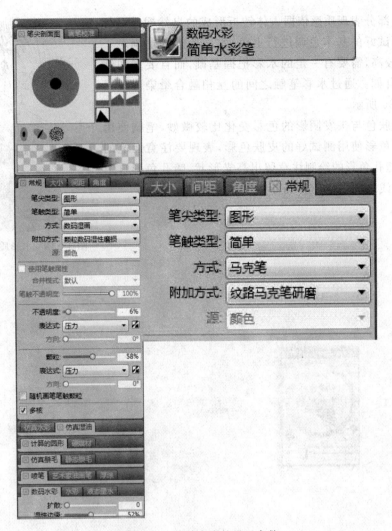

图 3-33　简单水彩笔设置参数

(2)运用简单水彩笔进行上衣色彩设置参数的效果测试,如图3-34所示。

图 3-34　上衣色彩设置参数及测试效果

（3）服装部分表现质感依据人体转折形成的自然褶皱进行表现，使用测试好的基本色调进行上色，水彩笔类的笔刷对于运笔要求比较高，需要有一定的水彩把握基础，而且要多加练习才能运用自如。通过水彩笔触之间的互相融合晕染表现层次，如图 3-35 所示。

（4）面部肤色与头发阴影的色彩变化比较微妙，笔刷使用简单水彩笔，色彩使用测试好的皮肤色彩，表现要注意运笔的技巧。眼睛瞳孔色彩的绘制注意留出高光形状，瞳孔色彩自上而下，由深变浅，如图 3-36 所示。

图 3-35　水彩质感绘制效果

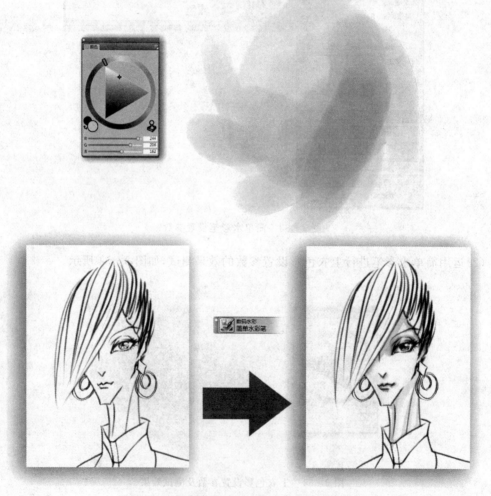

图 3-36　面部色彩及眼睛瞳孔色彩的绘制效果

（5）身体其他部位肤色调法相类似，将基本肤色加深按人体结构进行暗部结构绘制，如图3-37所示。

（6）上衣部分表现先铺出大色调，然后调小笔刷进行刻画。在表现过程中出现细碎的笔触，可以整体画完后将数码水彩干燥后就可以当普通的画稿调整了。干燥过后笔触之间的层次过渡，就可以运用调和笔中的柔性调和棒形笔进行融合，高光部分可用橡皮擦工具擦出。干燥数码水彩命令在菜单"图层→干燥数码水彩"。笔刷参数设置和干燥数码水彩具体命令如图3-38所示。

图3-37　身体其他部位皮肤绘制效果

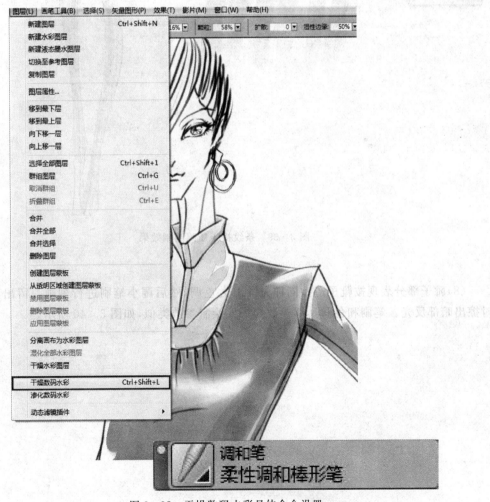

图3-38　干燥数码水彩具体命令设置

(7)裤子部分表现条纹图案,先画出条纹的基本排列,然后调小笔刷进行刻画明暗转折效果。画时注意留出高光,同时擦出暗部反光。色彩参数如图3-39所示。

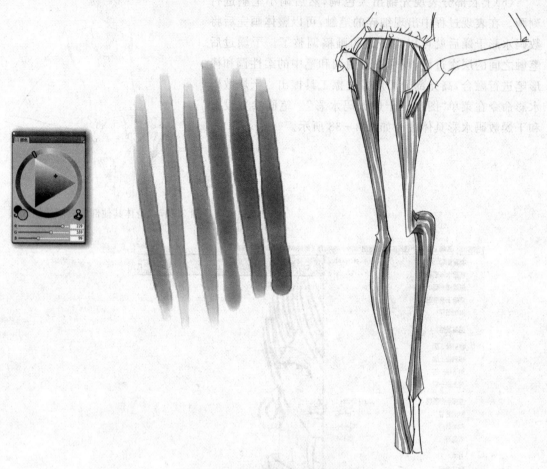

图 3-39　条纹裤子质感绘制效果

(8)靴子部分表现按靴子造型同样先铺出大色调,然后调小笔刷进行刻画。留出高光,同时擦出暗部反光。笔刷和色彩具体参数与头发绘制参数类似,如图3-40所示。

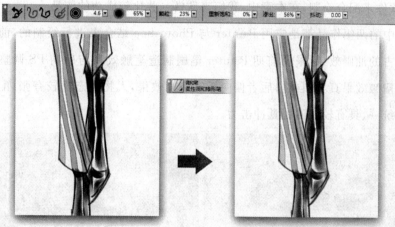

图3-40　调和笔表现靴子质感绘制效果

（9）全图检查修正，对最后的细节进行刻画，如添加耳环等配饰，并绘制人体足部投影。最终效果如图3-41所示。

思考与练习

1.应用各种笔刷，尝试不同上色效果，并选择合适的款式进行上色实践。

2.思考在没有数位板的前提下，如何绘制时装画线稿，可结合其他软件处理线稿方式进行探讨与实践。

3.思考在完成图的基础上如何改变面料材质及最终色彩效果。

图3-41　最终完成效果图

第四章　优秀作品赏析

在实际服装设计效果图或者时装画绘制过程中,不论是手绘与计算机辅助设计结合还是单纯的计算机完成全部绘制,都以最终效果为准,当然,在实际的设计和绘制过程中,也可能涉及其他工具软件来配合绘制,在本章中,我们来欣赏一些比较成功的作品。

图 4-1 中的两幅作品都是应用 Painter 与 Photoshop 结合来进行绘制的,前者在设计理念中,偏向复古的油画效果,采用前期 Painter 笔刷制造笔触效果与后期 PS 调整整体色彩为主,整体服装褶皱效果真实、自然;后者偏向于时装画效果,人物动态比较夸张,配合完整的背景,整体色调统一,具有较强的视觉冲击力。

图 4-1　Painter 与 Photoshop 结合绘制的作品

在服装效果图和时装画的边缘发展地带,时下非常流行的插画设计和绘制中有相当大一部分为应用 PS 和 Painter 来进行绘制,下面我们看到的图 4-2 为国内比较知名的插画作者本杰明的作品,在左边这幅作品中,完全采用 PS 笔刷配合钢笔工具完成,细腻而生动;右图则以 Painter 为主,采用不同笔刷形状绘制,随意的笔触,统一的色调,包括环境色的渗入,表现出作者对于人体、服装、肌理等各个方面的造诣。

图4-2 本杰明作品

图4-3为德珍的作品,这两幅作品均以中国少数民族服饰为原型进行设计和绘制的,保留了少数民族服饰的浓厚文化气息和完整的典型特点,在绘制中采用的同样是PS与Painter结合的方法,这两幅作品耗时较多,超过100小时,因此,我们可以看到,想要达到完美的效果,细节的修饰和一点一点的调整必不可少,因此,在我们的设计中也需要不断地完善自己的设计,不断地深入。在这两幅作品中,我们看到无论是衣纹、衣褶的处理还是面料薄厚带来的质感变化都表现得非常到位。

图4-3 德珍作品

在计算机辅助设计中,除了上述的软件组合外,单纯以矢量图软件 AI 制作出的效果也是非常时尚的,如图 4-4 所示,为国内制作平面矢量图插画比较突出的梁毅的作品,这种平面效果比较倾向于商业化和时尚化,因此视觉效果非常好,也是我们将服装效果图向时尚商业插画过渡的另一个有效途径。

图 4-4　梁毅作品

随着计算机技术的不断发展和进步,越来越多的软件及更强大的功能不断地被开发和完善,计算机辅助设计也不断地渗透到更多的领域,包括游戏开发过程中的角色设定及电影电视中的 CG 动画角色设定,因此,在配合了 3D 软件和技术的基础上,更多更接近真实效果的人物形象被创造出来,如图 4-5 所示,这些细腻而真实的人物及服装服饰的设计,其设计特点跨越民族,跨越时空,跨越种族,但都能让我们眼前一亮。

图 4-5　CG 人物设定

　　下面我们来看一些视觉效果与细节同样突出的作品,来体会计算机辅助设计的神奇。在图 4-6 和图 4-7 中,不论平面或立体,请注意,观察其手法选择的统一保证其风格统一,以及多种方法并用时的取舍。

图 4 - 6 Painter 与 PS 结合绘制

图 4 - 7 AI 绘制

参考文献

[1]贾志刚.Photoshop 服装设计专业教程[M].北京:清华大学出版社,2004.

[2]Imagine FX[J].2013(11).

[3]本杰明.One Day[M].通辽:内蒙古少年儿童出版社,2002.

图书在版编目(CIP)数据

服装效果图计算机辅助设计方法与实践/巴妍,庄立锋主编.—西安:西安交通大学出版社,2014.4
ISBN 978 - 7 - 5605 - 6091 - 5

Ⅰ.①服… Ⅱ.①巴…②庄… Ⅲ.①服装设计-效果图-计算机辅助设计-高等学校-教材 Ⅳ.①TS941.26

中国版本图书馆 CIP 数据核字(2014)第 049969 号

书　　名	服装效果图计算机辅助设计方法与实践
主　　编	巴　妍　庄立锋
责任编辑	史菲菲
出版发行	西安交通大学出版社
	(西安市兴庆南路 10 号　邮政编码 710049)
网　　址	http://www.xjtupress.com
电　　话	(029)82668357　82667874(发行中心)
	(029)82668315　82669096(总编办)
传　　真	(029)82668280
印　　刷	西安明瑞印务有限公司
开　　本	787mm×1092mm　1/16　**印张** 13.375　**彩页** 4　**字数** 248 千字
版次印次	2014 年 4 月第 1 版　　2014 年 4 月第 1 次印刷
书　　号	ISBN 978 - 7 - 5605 - 6091 - 5/TS·14
定　　价	24.80 元

读者购书、书店添货,如发现印装质量问题,请与本社发行中心联系、调换。
订购热线:(029)82665248　(029)82665249
投稿热线:(029)82668133
读者信箱:xj_rwjg@126.com

版权所有　侵权必究